PLC过程化考核实训指导书

（西门子S7-200系列）

李时辉　王　波　卞博钧　郑鹏飞　　编　著
楼天良　何丹青　陈斌坤

U0305160

上海交通大学出版社
SHANGHAI JIAO TONG UNIVERSITY PRESS

内容提要

本书分 12 个任务。主要介绍走进 PLC；好声音转椅的 PLC 控制系统设计；小区大门的 PLC 控制系统设计；三路抢答器的 PLC 控制系统设计；双速三相交流异步电动机自动变速控制电路的 PLC 改造系统设计；三相交流异步电动机通电延时带直流能耗制动星三角启动控制电路的 PLC 改造系统设计；教育节能自动控制系统的 PLC 改造系统设计；双水塔自动控制系统的 PLC 改造系统设计；液压动力滑台的 PLC 系统设计；运料小车运动装置的 PLC 控制系统设计；上料爬斗生产线的 PLC 控制系统设计；寝室智能供电 PLC 控制系统设计等内容。

本书可作为高职院校 PLC 课程教材，也可作为 PLC 工程应用培训教材。

图书在版编目(CIP)数据

PLC 过程化考核实训指导书：西门子 S7 — 200 系列/李
时辉等编著. 一上海：上海交通大学出版社，2016

ISBN 978-7-313-15970-0

Ⅰ.①P… Ⅱ.①李… Ⅲ.①PLC 技术Ⅳ.①TB4

中国版本图书馆 CIP 数据核字(2016)第 244980 号

PLC 过程化考核实训指导书：西门子 S7—200 系列

编　　著：李时辉				
出版发行	上海交通大学出版社	地　　址	上海市番禺路 951 号	
邮政编码	200030	电　　话	021—64071208	
出 版 人	郑益慧			
印　　刷	北京虎彩文化传播有限公司	经　　销	全国新华书店	
开　　本	787mm×1092mm　1/16	印　　张	9.75	
字　　数	157 千字			
版　　次	2017 年 1 月第 1 版	印　　次	2017 年 1 月第 1 次印刷	
书　　号	ISBN 978-7-313-15970-0/TB			
定　　价	35.00 元			

前　　言

可编程程序控制器(PLC)作为现代工业自动化的三大支柱之一,已广泛地被应用于工业生产和日常生活中的许多领域。西门子 S7-200 系列 PLC 以其稳定性好、抗干扰能力强的优点,在市场上占有大量份额,已广泛应用于工矿企业现场,因此,本书所采用的 PLC 为 S7-200 系列。

本书立足于为行业企业培养应用型技术人才的总体目标,总结了近年来各中高职院校在 PLC 课程教学方面的经验,打破了以往教材的编写思路,具有以下特色:

1. 在项目设置上遵循"源于生活(生产),用于生活(生产)"的原则

当前市场许多教材所采用的教学实训项目通常与实际的工程应用相距甚远,其实用性和启发性有所欠缺。本书在项目设置上遵循"源于生活(生产),用于生活(生产)"的原则,选取的所有项目均来自于一线教师的教学实践和企业的典型工作项目,其实用性和工程性的特点尤为突出,便于读者可以切实地掌握 PLC 的工程应用技能。

2. 在项目编排顺序上遵循的"由易到难"的规律

本书所设置的项目均按照系统的知识结构与技能目标的要求循序渐进地展开编排。每个教学项目均以任务驱动的方式进行导入、学习和评价考核,符合教学中"由易到难"的规律,尤其适合初学者的使用。

3. 将维修电工(高级工)操作技能考核相关内容以"过程化"模式融入到任务中

2014 年义乌工商职业技术学院与义乌市人事劳动社会保障局合作,对维修电工职业资格培训和鉴定进行改革:未来将以"过程化"的培训和鉴定方式代替目前"一次性"的培训和鉴定方式,即将维修电工所要求的知识点和技能点一一融入于电类专业的多门课程当中,以课程的考核代替职业资格考核。基于此,本书所设置的项目经过了精心的优化,确保其既适用于 PLC 课程的日常教学,同时又可满足技能鉴定(高级工水平)的有关 PLC 相关

内容的学习要求。

　　本书由义乌工商职业技术学院、嘉兴市桐乡技师学院及杭州市乔司职业高级中学三所院校的教师以及义乌市商城集团的企业工程师,以校企合作的方式共同编写,本书在撰写过程中还得到了义乌市职业技能鉴定中心和桐乡市职业技能鉴定中心的大力支持。

　　限于作者水平有限,且将维修高级工技能鉴定以过程化模式融入到 PLC 课程教学中是一个新课题,书中存在的不妥之处,恳请读者批评指正。

目　　录

任务一　PLC 感性模型认识和建立

任务描述

工业控制系统中 PLC 种类尽管各式各样，各有特点，但是对于一种标准的控制设备而言，PLC 的工作原理、功能模块、编程方法与思路方面基本相同。所以，在接下去的内容中，结合使用较为广泛的西门子 S7-200 为核心的平台，展开实际工程例子介绍、学习，便于学习者结合实物验证，有效学习。

任务目标

(1)知道 PLC 用来干什么。
(2)PLC 感性模型认识、建立。
(3)西门子 STEP7-Micro 编程软件的安装与应用。
(4)体验西门子 S7-200 的简单使用。

任务实施

一、PLC 感性模型认识

PLC 由 CPU、存储器、工作电源以及用来输入和输出信号的接口电路所构成，其结构如图 1.1 所示。

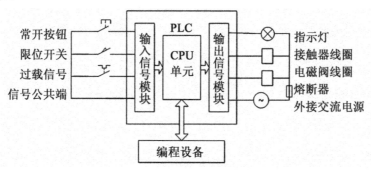

图 1.1　PLC 组成模型

1)中央处理单元——CPU

CPU 是可编程控制器的核心,在系统程序的指示下,让整个控制器能有条不紊地完成工作,也即能把人们给他的应用程序(具体控制内容)准确无误地循环运行下去。所以,CPU 的主要性能指标影响着整个可编程控制器的控制信号的能力与速度,CPU 的位数越高,处理信息的能力越大,反应速度也同样上升,这和普通计算机的特点几乎一致。

2)存储器——存储编程语言写出来的控制要求

存储器由系统存储器和用户存储器两部分组成。系统存储器是厂家在出厂前固化在只读存储器 ROM 中,用户不能更改它。它使可编程控制器具有处理用户提出的控制要求的能力。

用户存储器包括用户程序存储器和用户数据存储器,显然,程序存储器用来存放用户的用编程语言写的"控制逻辑",称应用程序,这部分内容可以修改,当然,用户存储器越大,能够放下的应用程序也越大,PLC 的能力也增大,所以,这是 PLC 的关键指标。PLC 使用的存储器类型主要有 ROM、RAM 和 EEPROM 三类。

3)编程设备——用指令写出、录入控制要求的设备

把控制对象的控制要求,通过一定方法的人为组织,用 PLC 能够识别的编程语言写出来,并且,通过编程设备把写好的控制要求传到 PLC 内部存储器中去,以便于 CPU 读取需要实现的控制要求,并按要求来协调、处理输入信号、输出信号间的逻辑关系。

4)输入、输出信号模块——输入、输出开关量的中转环节

PLC 内部的 CPU 单元电路,只能识别高、低电平信号,而输入信号,是以开关信号表示出来;同样,输出信号的时候,我们希望得到开关信号,以便于通、断输出回路,有效控制被控对象,由于开关量无法有效的被 CPU 单元电路直接识别,CPU 单元电路也不便于直接输出开关信号,故必须做一部分电路,能把输入的开关量转换成 PLC 内部能够识别的电信号,而 PLC 输出的电信号,又要转换成可以控制具体电路的开关信号,输入、输出模块电路实现了"桥梁"过渡作用。

二、编程软件安装

(1)单击西门子 S7-200 编程软件 STEP7 MicroWIN V4.0 SP9 完整版,解压后选择安装文件(见图 1.2)。

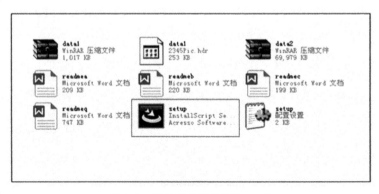

图 1.2 解压后界面选择"setup"

（2）安装开始，单击"next"按钮（见图1.3）。

图1.3　安装界面2

说明：安装中选择或默认"英文/English"。

（3）单击"yes"按钮，同意协议（见图1.4）。

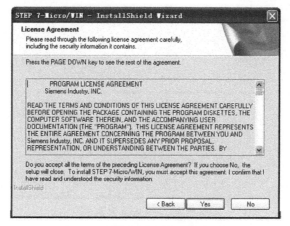

图1.4　安装界面中同意协议选择

（4）安装目录选择（单击"Browse"按钮），也可以默认（见图1.5）。

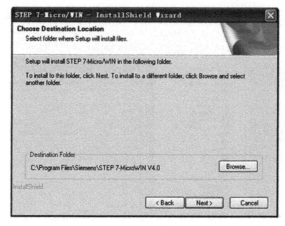

图1.5　安装界面中选择目录

(5)安装进程开始,出现两部分界面,不用人为操作(见图 1.6、图 1.7)。

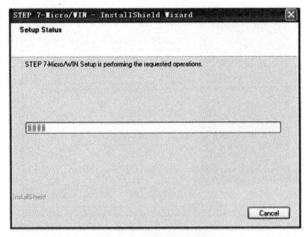

图 1.6　安装过程界面 1

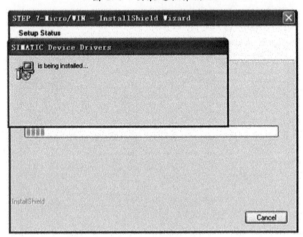

图 1.7　安装过程界面 2

(6)中英文界面切换。安装完成后,会出现提醒打开工程还是运行软件,根据需要可以自行选择,如图 1.8 所示。

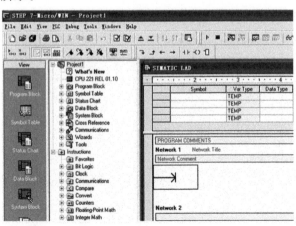

图 1.8　安装后启动软件英文界面

在图 1.8 中,经过 Tools—Options 出现窗口如图 1.9 所示,单击"General",选择右侧 Chinese,单击"OK",程序自动关闭,再次打开后,出现如图 1.10 所示的中文操作界面。

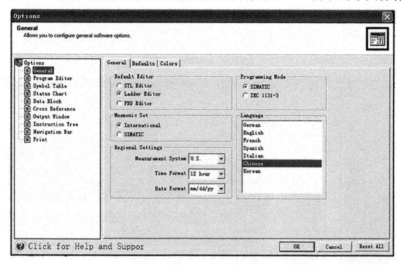

图 1.9　中英文切换设置界面

图 1.10　转换后中文界面

三、编程软件介绍及应用

1. STEP 7-Micro/WIN 32 软件启动和退出

启动方法:双击桌面快捷图标或者单击"开始—Simatic—STEP 7-Micro/WIN 32 V4.0—STEP 7-Micro/WIN"按钮。

退出方法:从菜单文件(File)—退出(Exit);或单击右上角"关闭"按钮;或双击左上角 "控制"图标;或按组合键 Alt+F4。

2. STEP 7-Micro/WIN 软件介绍

启动 STEP 7-Micro/WIN 编程软件,其主界面外观如图 1.11 所示。主界面一般有以下几个部分:主菜单、工具条、浏览条、指令树、用户窗口、输出窗口和状态条。

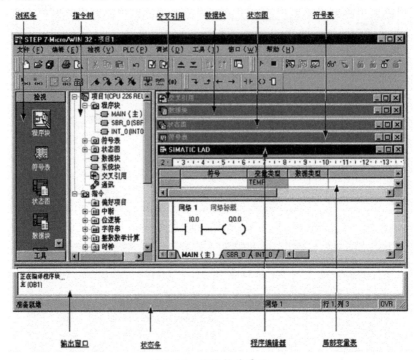

图 1.11 编程软件界面

主菜单包括:文件、编辑、查看、PLC、调试、工具、窗口、帮助 8 个主菜单项。

(1)文件(File)。包括新建、打开、关闭、保存、另存为、导出、导入、上载、下载、打印预览、页面设置等操作。

(2)编辑(Edit)。包括撤销、剪切、复制、粘贴、全选、插入、删除、查找、替换等功能操作,和文字处理软件 word 相类似,用于程序的编辑。

(3)查看(View)。主要用于编程软件的开发环境,包括功能有:程序编辑器 LAD、STL、FBD 的选择;数据块、符号表、状态图表、系统块、交叉引用、通信参数的设置;进行程序注解和网络注解显示选择;浏览条、指令树及输出窗口的显示选择;可以进行程序块的属性设置。

(4)PLC。用于与 PLC 联机时的操作,包括功能有:选择 PLC 类型、确定 PLC 的工作方式、进行程序在线编辑、清除 PLC 程序、显示 PLC 信息等功能。

(5)调试(Debug)。用于 PLC 联机调试,包括单次扫描、多次扫描、程序状态等功能。

(6)工具(Tools)。包括复杂指令向导(PID、NETR/NETW、HSC 指令),TD200 设置向导,设置程序编辑器的风格设置,添加常用工具等功能。

(7)窗口(Windows)。打开一个或多个窗口,并进行窗口之间不同摆放选择,如水平、层叠、垂直。

(8)帮助(Help)。主要用来提供 S7-200 的指令系统及编程软件的相关信息,如指令编辑在线帮助、网络查询等,可以按 F1 进行操作。

3. 工具条、浏览条、指令树、相关窗口等

STEP 7-Micro/WIN 32 提供了两行快捷按钮工具条,共有四种,可以通过工具条重设。

(1)标准工具条。如图 1.12 所示,从左至右包括新建、打开、保存、打印、预览、剪切、粘贴、拷贝、撤销、编译、全部编译、上载、下载等按钮。

图 1.12　标准工具条

(2)调试工具条。如图 1.13 所示 ,从左至右包括 PLC 运行、停止、程序监控、暂停监控、图状态监控/关闭、状态图表读取、状态图表全部写入等按钮。

图 1.13　调试工具条

(3)公用工具条。如图 1.14 所示,从左至右依次为插入网络、删除网络、切换 POU 注解、切换网络注解、切换符号信息表、切换书签、下一个书签、上一个书签、清除全部书签、建立表格未定义符号、常量说明符。

图 1.14　公用工具条

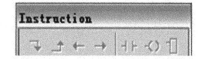

图 1.15　LAD 指令工具条

(4)LAD 指令工具条。如图 1.15 所示,从左至右依次为向下连线、插入向上连线、插入左行连线、插入右行连线、插入触点、插入线圈、插入指令盒。

(5)浏览条。浏览条中设置了控制程序特性的按钮,包括程序块(Program Block)、符号表(Symbol Table)、状态图表(Status Chart)、数据块(Data Block)、系统块(System Block)、交叉引用(Cross Reference)、和通信(Communication)。

(6)指令树。指令树以树型结构提供编程时用到的所有项目对象和 PLC 所有指令。

(7)用户窗口。可同时或分别打开 6 个用户窗口,分别为:交叉引用、数据块、状态图表、符号表、程序编辑器、局部变量表。

(8)输出窗口。用来显示 STEP 7-Micro/WIN 32 程序编译的结果,如编译结果有无错误、错误编码和位置等。

(9)状态条。提供有关在 STEP 7-Micro/WIN 32 中操作的信息。

4. 系统块的配置

系统块配置又称 CPU 组态,进行 STEP 7-Micro/WIN 32 编程软件系统块配置有 3 种方法:

(1)在"查看"菜单,选择"元件"中"系统块"项。

(2)在"浏览条"上单击"系统块"按钮。

(3)双击指令树内的系统块图标。系统块对话框如图 1.16 所示。

系统块配置的包括数字量输入滤波,模拟量输入滤波,脉冲截取(捕捉),数字输出表,通讯端口、密码设置,保持范围,背景时间等。可以在如图 1.16 所示的对话框中选择不同的标签进行上述配置。

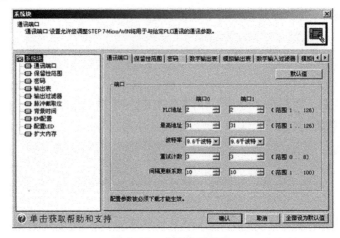

图 1.16　系统块对话框

①设置数字量输入滤波。对于来自工业现场的输入信号的干扰,可以通过对 S7-200 的 CPU 单元上的全部或部分数字量输入点,合理地定义输入信号延迟时间,就可以有效地抑制或消除输入噪声的影响,这就是设置数字量输入滤波器的原由。如 CPU22X 型,输入延迟时间的范围为 0.2～12.8ms,系统的默认值是 6.4ms,设置窗口如图 1.17 所示。

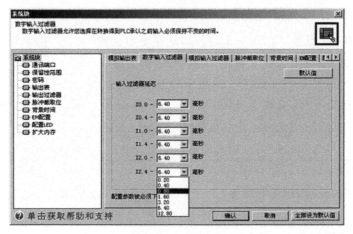

图 1.17　设置数字量输入滤波对话框

②设置模拟量输入滤波(适用机型:CPU222,CPU224,CPU226)。如果输入的模拟量信号是缓慢变化的信号,可以对不同的模拟量输入采用软件滤波器,进行模拟量的数字滤波设置。模拟输入滤波系统设置界面如图 1.18 所示,其中三个参数需要设定:选择需要进行数字滤波的模拟量输入地址,设定采样次数和设定死区值。系统默认参数为:选择全部模拟量输入(AIW0～AIW62 共 32 点),采样次数为 64,死区值为 320(如果模拟量输入值与滤波值的差值超过 320,滤波器对最近的模拟量输入值的变化将是一个阶跃数)。

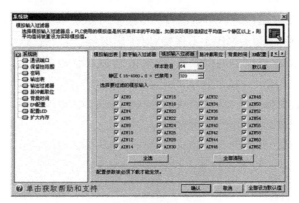

图 1.18　设置模拟量输入滤波对话框

③脉冲截取（捕捉）。如果在两次输入采样期间，出现了一个小于一个扫描周期的短暂脉冲，在没有设置脉冲捕捉功能时，CPU 就不能捕捉到这个脉冲信号。脉冲截取（捕捉）设置对话框如图 1.19 所示，系统的默认状态为所有的输入点都不设脉冲捕捉功能。

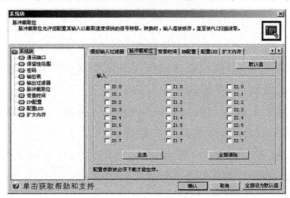

图 1.19　脉冲截取设置对话框

④设置数字输出表。S7-200 在运行过程中可能遇到由 RUN 模式转到 STOP 模式，在已经配置了数字输出表功能时，就可以将数字输出表复制到各个输出点，使各个输出点的状态变为由数字输出表规定的状态，或者保持转换前的状态。数字输出表如图 1.20 所示。

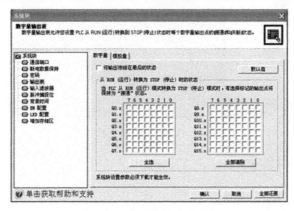

图 1.20　数字输出表对话框

⑤定义存储器保存范围。在 S7-200 中，可以用编程软件来设置需要保持数据的存储器，以防止出现电源掉电时，可能丢失一些重要参数。

当电源掉电时,在存储器 V,M,C 和 T 中,最多可定义 6 个需要保持的存储器区。对于 M,系统的默认值是 MB0～MB13 不保持;对于定时器 T,只有 TONR 可以保持;对于定时器 T 和计数器 C,只有当前值可以保持,而定时器位和计数器位是不能保持的。保持范围如图 1.21 所示。

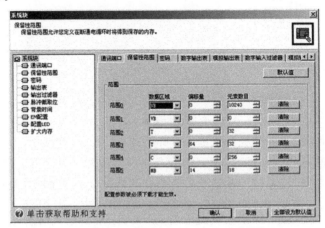

图 1.21   定义存储器保持范围对话框

⑥CPU 密码设置。CPU 的密码保护的作用是限制某些存取功能。在 S7-200 中,对存取功能提供了 3 个等的限制,系统的默认状态是 1 级(不受任何限制)。设置密码的方式如图 1.22 所示,首先选择限制级别,然后输入密码确认。如果在设置密码后又忘记了密码,只有清除 CPU 存储器的程序,重新装入用户程序。当进入 PLC 程序进行下载操作时,弹出请输入密码对话框,输入 clearplc 后确认,PLC 密码清除,同时清除 PLC 中的程序。

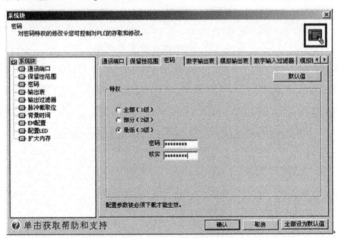

图 1.22   CPU 密码设置对话框

四、PLC 应运用案例

1.创建新项目文件方法

可用菜单命令和可用工具条中的"新建"按钮来完成。

新项目文件名系统默认项目 1,可以通过工具栏中的"保存"保存并重新命名。每一个项目文件包括的基本组件有程序块、数据块、系统块、符号表、状态图表、交叉引用及通信，其中程序块中包括 1 个主程序、1 个子程序(SBR_0)和 1 个中断程序(INT_0)。

2.打开已有的项目文件方法

(1)可用菜单命令文件打开按钮。

(2)可用工具条中的"打开"按钮来完成。

3.确定 PLC 类型

用菜单命令"PLC"中"类型"，调出"PLC 类型"对话框，单击"读取 PLC"按钮，由 STEP 7-Micro/WIN 32 自动读取正确的数值。单击"确定"按钮，确认 PLC 类型，对话框如图 1.23 所示。

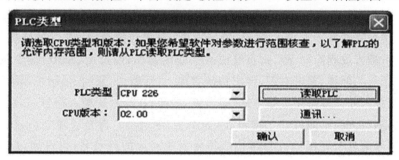

图 1.23　PLC 类型的对话框

4.编辑程序文件

(1)选择指令集和编辑器。S7-200 系列 PLC 支持的指令集有 SIMATIC 和 IEC1131-3 两种，该教程中采用 SIMATIC 编程模式，设置如下：单击菜单"工具"→"选项"→"常规"→编程模式"SIMATIC"→"确定"按钮。采用 SIMATIC 指令编写的程序可以使用 LAD(梯形图)、STL(语句表)、FBD(功能块图)三种编辑器，常用 LAD 或 STL 编程，设置如下：执行"查看"→"LAD"或"STL"命令。梯形图编辑界面如图 1.24 所示。

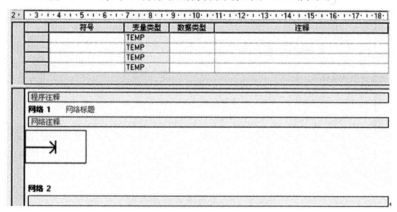

图 1.24　梯形图编辑界面

(2)梯形图中输入指令。编程元件的输入编程元件包括线圈、触点、指令盒和导线等，梯形图每一个网络必须从触点开始，以线圈或没有 ENO 输出的指令盒结束。编程元件可以通过指令树、工具按钮、快捷键等方法输入。

将光标放在需要的位置上,单击工具条中元件(触点、线圈或指令盒)的按钮,从下拉菜单所列出的元件中,选择要输入的元件单击即可;将光标放在需要的位置上,在指令树窗口所列的一系列元件中,双击要输入的元件即可;将光标放在需要的位置上,在指令树窗口所列的一系列元件中,拖动要输入的元件放到目的地即可;使用功能键:F4——触点,F6——线圈,F9——指令盒,从下拉菜单所列出的元件中,选择要输入的元件单击即可。

说明:当编程元件图形出现在指定位置后,单击编程元件符号的.处,输入操作数,按回车或单击确定。红色字体表示语法有错,当把不合法的地址或符号改变为修改合法后,红色能自动消除。若数值下面出现红色的波浪线,表示输入的操作数超出范围或与指令的类型不匹配。

上下行线的操作将光标移到要合并的触点处,单击"上行线"或"下行线"按钮;程序的编辑用光标选中需要进行编辑的单元,单击右键,弹出快捷菜单,可以进行剪切、复制、粘贴、删除,也可插入或删除行、列、垂直线或水平线的操作;通过用(Shift)键+鼠标单击,可以选择多个相邻的网络,单击右键,弹出快捷菜单,进行剪切、复制、粘贴或删除等操作。

(4)编写符号表。单击浏览条中的"符号表"按钮;在符号列键入符号名,在地址列键入地址,在注释列键入注解即可建立符号表,如图 1.25 所示。符号表建立后,执行菜单命令"查看"→"符号编址",直接地址将转换成符号表中对应的符号名;也可通过"工具"→"选项"→"程序编辑器"标签→"符号编址"选项来选择操作数显示的形式,如选择"显示符号和地址",则对应的梯形图如图 1.26 所示。

符号	地址	注解
启动	I0.0	启动按钮SB2
停止	I0.1	停止按钮SB1
电动机	Q0.0	电动机M1

图 1.25 符号表

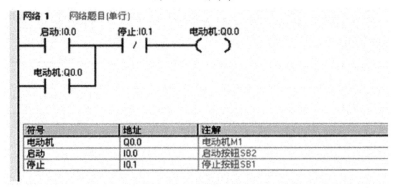

图 1.26 带符号表的梯形图

(5)局部变量表。可以拖动分割条,展开局部变量表并覆盖程序视图,此时可设置局部变量表,如图 1.27 所示。在符号栏写入局部变量名称,在数据类型栏中选择变量类型后,系统自动分配局部变量的存储位置。局部变量有四种定义类型:IN(输入),OUT(输出),

IN_OUT(输入输出),TEMP(临时)。IN、OUT 类型的局部变量,由调用 POU(3 种程序)提供输入参数或调用 POU 返回的输出参数。IN_OUT 类型,数值由调用 POU 提供参数,经子程序的修改,然后返回 POU。TEMP 类型,临时保存在局部数据堆栈区内的变量,一旦 POU 执行完成,临时变量的数据将不再有效。

	符号	变量类型	数据类型	注解
L0.0	IN1	TEMP	BOOL	
LB1	IN2	TEMP	BYTE	
L2.0	IN3	TEMP	BOOL	
LD3	IN4	TEMP	DWORD	

图 1.27　局部变量表

(6)程序注释。LAD 编辑器中提供了程序注释(POU)、网络标题、网络注释三种功能的解释,方便用户更好的读取程序,方法是单击绿色注释行输入文字即可,其中程序注释和网络注释可以通过工具栏按钮或"查看"菜单进行隐藏或显示。

6.程序的编译及下载

(1)编译。用户程序编辑完成后,需要进行编译,编译的方法如下:

①单击"编译"按钮或执行菜单命令"PLC"→"编译",编译当前被激活的窗口中的程序块或数据块。

②单击"全部编译"按钮或执行菜单命令"PLC"→"全部编译",编译全部项目元件(程序块,数据块和系统块)。编译结束后,输出窗口显示编译结果。只有在编译正确时,才能进行下载程序文件操作。

(2)下载。程序经过编译后,方可下载到 PLC。下载前先作好与 PLC 之间的通信联系和通信参数设置,还有下载之前,PLC 必须在"停止"的工作方式。如果 PLC 没有在"停止",单击工具条中的"停止"按钮,将 PLC 置于"停止"方式。

单击工具条中的"下载"按钮,或执行"文件"→"下载"命令,出现"下载"对话框。可选择是否下载"程序代码块"、"数据块"和"CPU 配置",单击"下载"按钮,开始下载程序。图 1.28 为下载对话框。

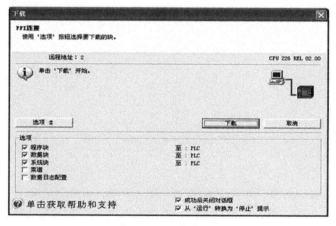

图 1.28　下载对话框

7. 程序运行、监控、调试

(1)程序的运行。下载成功后,单击工具条中的"运行" ▶ 按钮,或执行"PLC"→"运行"命令,PLC 进入 RUN(运行)工作方式。

(2)程序的监控。在工具条中单击"程序监视和暂停" 按钮,或执行"调试"→"程序监视"命令,在梯形图中显示出各元件的状态。这时,闭合触点和得电线圈内部颜色变蓝。梯形图运行状态监控如图 1.29 所示。

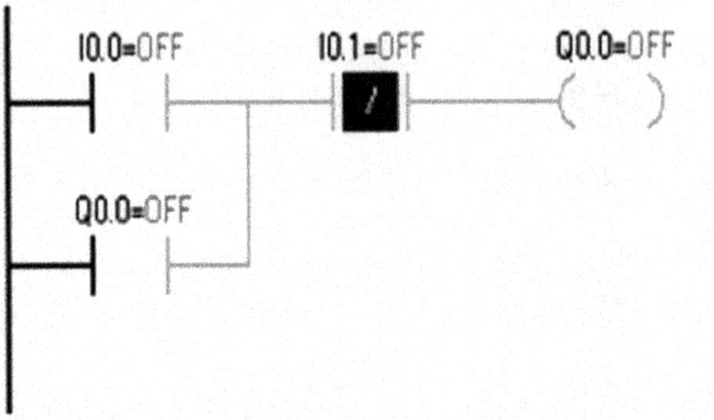

图 1.29　梯形图运行状态监控

(3)程序的调试。结合程序监视运行的动态显示,分析程序运行的结果,以及影响程序运行的因素,然后退出程序运行和监控状态,在停止状态下对程序进行修改编辑,重新编译、下载,监视运行,如此反复修改调试,直至得出正确运行结果。

任务二　小区电动伸缩门的 PLC 改造

任务描述

随着城镇化水平的不断提高,各类新兴技术的在日常生活中的不断应用,众多单位及居民小区都设置了便于管理的电动伸缩门(见图 2.2)。当有人员或车辆进去,保安可通过小区伸缩门控制器(见图 2.1)打开大门,当人员或车辆进入后,保安再通过控制器将大门关闭。

正转控制线路只能使电动机朝一个方向旋转,带动生产机械的运动部件朝一个方向运动。小区电动伸缩门的开关是通过对电动伸缩门内运动部件向正、反两个方向运动实现,也就是要求电动机能实现正、反转的控制。

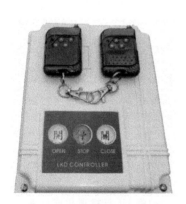

图 2.1　小区伸缩门控制器

图 2.2　小区伸缩门控制器

> **小·提示**
>
> 当改变通入电动机定子绕组的三相电源相序,即把接入电动机三相电源进线中的任意两相对调接线时,电动机就可以反转。

本任务通过完成 PLC 对电动机正反转线路改造来提高学习 S7-Micro/WIN 软件的使

用、PLC 程序设计步骤、外部接线和 PLC 基本指令的能力,为高级工的操作学习打下坚实的基础。

任务目标

(1)会列出 I/O 分配表、PLC 接线图、梯形图和指令表。

(2)能熟练操作编程软件 S7-Micro/WIN 和对 PLC 的读写。

(3)能将用继电器控制的三相异步电动机正反转控制线路进行 PLC 改造。

(4)掌握 PLC 改造继电器控制线路的步骤。

预备知识

布尔指令及应用:即位操作指令,运算结果用二进制数字 0 和 1 表示,可实现基本位逻辑运算和控制。

一、触点线圈指令

触点线圈指令,如表 2.1 所示。

表 2.1　触点指令的格式及功能

梯形图 LAD	语气表 STL		功能	
	操作码	操作数	梯形图含义	语气表含义
bit ┤├	LD	bit	将一常开触点 bit 与母线相连接	将 bit 装入栈顶
bit ┤╱├	LDN	bit	将一常闭触点 bit 与母线相连接	将 bit 取反后装入栈顶
bit ┤├	A	bit	将一常开触点 bit 与上一触点串联	将 bit 与栈顶相与后存入栈顶
bit ┤╱├	AN	bit	将一常闭触点 bit 与上一触点串联	将 bit 取反与栈顶相与后存入栈顶
bit ┗┤├┛	O	bit	将一常开触点 bit 与上一触点开并联	将 bit 与栈顶相或后存入栈顶
bit ┗┤╱├┛	ON	bit	将一常闭触点 bit 与上一触点并联	将 bit 取反与栈顶相或后存入栈顶

注意:

(1)触点指令有常开触点和常闭常闭两类,类似于继电—接触器控制系统的电器接点,可自由串并联。

(2)语句表程序的触点指令由操作码和操作数组成。在语句表程序中,控制逻辑的执行通过 CPU 中的一个逻辑堆栈来实现,这个堆栈有九层深度,每层只有一位宽度。语句表程序的触点指令运算全部都在栈顶进行。

(3)表中操作数 bit 寻址寄存器 I、Q、M、SM、T、C、V、S、L 的位值。

二、输出线圈指令

输出线指令(见表 2.2)。

表 2.2 输出线圈指令的格式及功能

梯形 LAD	语气表 STL		功能	
	操作码	操作数	梯形图含义	语气表含义
Bit —( )	=	bit	当能流流进线圈时,线圈所对应的操作数 bit 置"1"	复制栈顶的值到 bit

注意:
(1)输出线圈指令的操作数 bit 可寻址寄存器 I、Q、M、SM、T、C、V、S、L 的位值。
(2)输出线圈指令对同一元件(操作数)一般只能使用一次,否则可能出现矛盾现象。

任务实施

一、小区电动伸缩门的正反转控制线路

设计三相异步电动机接触器联锁正反转控制线路,如图 2.3 所示。其工作原理如下:
合上电源开关 QS。
正转:按下正转启动按钮 SB1,电动机连续正转;按下停止按钮 SB3,电动机停转。
反转:按下反转启动按钮 SB2,电动机连续反转;按下停止按钮 SB3,电动机停转。
停止使用时,断开电源开关 QS。

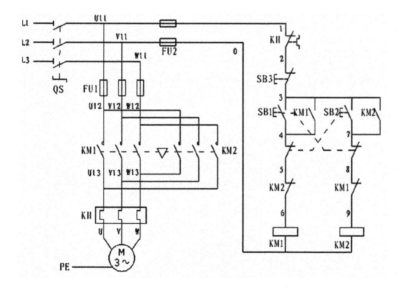

图 2.3 小区电动伸缩门的正反转控制线路

小·提示

　　线路中采用了两个接触器，即正转用的接触器 KM1 和反转用的接触器 KM2，它们分别由正转按钮 SB1 和反转按钮 SB2 控制。从主电路中可以看出，这两个接触器的主触头所接通的电源相序不同，KM1 按 L1—L2—L3 相序接线，KM2 则按 L3—L2—L1 相序接线。相应地控制电路有两条，一条是由按钮 SB1 和接触器 KM1 线圈等组成的正转控制线路；另一条是由按钮 SB2 和接触器 KM2 线圈等组成的反转控制电路。

二、PLC 改造小区电动伸缩门的正反转控制线路

　　在了解三相异步电动机接触器联锁正反转控制线路任务后，在实现 PLC 实现三相异步电动机正反转控制线路之前，首先应了解 PLC 的 I/O 分配表、接线图，完成 PLC 基本的外部电路连接。

1. 列出系统的 I/O 分配表

　　列出系统的 I/O 分配表（见表 2.3）。

表 2.3　系统的 I/O 分配表

输入信号		输出信号	
名称	PLC 地址	名称	PLC 地址
开门按钮 SB1	I0.0	正转接触器 KM1	Q0.0
关门按钮 SB2	I0.1	反转接触器 KM2	Q0.1
停止按钮 SB3	I0.4		
热继电器 KH	I0.3		

2. PLC 外部接线图

　　PLC 外部接线图如图 2.4 所示。

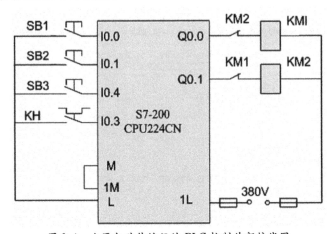

图 2.4　小区电动伸缩门的 PLC 控制外部接线图

·小·提示

PLC 接线图中输出继电器线圈采用互锁的功能,以起到硬件保护作用。

3.参考梯形图

参考梯形图如图 2.5 所示。

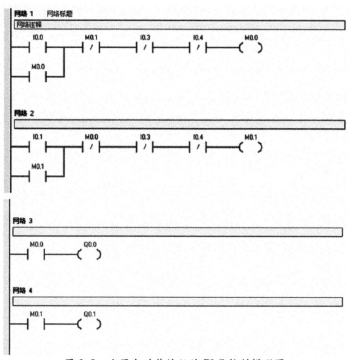

图 2.5　小区电动伸缩门的 PLC 控制梯形图

4.指令表

指令表(见表 2.4)

表 2.4　指令表

序号	操作码	操作数	序号	操作码	操作数
0	LD	I0.0	9	ANI	M0.0
1	OR	M0.0	10	ANI	I0.3
2	ANI	M0.1	11	ANI	I0.4
3	ANI	I0.3	12	OUT	M0.1
4	ANI	I0.4	13	LD	M0.0
5	OUT	M0.0	14	=	Q0.0
7	LD	I0.1	15	LD	M0.1
8	OR	M0.1	16	=	Q0.1

5. 实践操作并观察现象

（1）按如图 2.4 所示接线图在实验板上完成电路连接。

（2）在电脑桌面打开 S7-Micro/WIN 编程软件，并按如图 2.5 所示梯形图输入。

（3）将编译好的程序写入 PLC，并按如下步骤进行调试：

①按下正转启动按钮 I0.0，观察输出点 Q0.0、接触器 KM1 和电动机状态。

②按下反转启动按钮 I0.1，观察输出点 Q0.1、接触器 KM2 和电动机状态。

③在正转或反转任一时刻，按下停止按钮 I0.4，观察输出点、接触器和电动机状态。

（4）如系统无法准确运行，仔细检查系统及接线。

6. 想一想

（1）如需增加通电指示功能，程序需如何设计。

（2）如需给电动伸缩门控制系统各增加一个开门限位开关和一个关门限位开关，在开关门时碰到限位开关后，伸缩门即停止，程序需如何设计。

7. 实验报告要求

（1）画出系统工作流程图。

（2）画出实训中所用的 I/O 分配表、接线图和梯形图。

（3）总结实训中所遇到的问题以及解决方法，并写出实训体会。

任务考核

任务考核（见表 2.5）。

表 2.5　任务考核

序号	内容	考核要求	评分标准	配分	扣分	得分
1	电路设计	根据任务： (1)列出元件信号对照表[PLC 控制 I/O 接口（输入、输出）元件地址分配表] (2)绘制 PLC 的 I/O 接口接线图 (3)根据工作要求设计梯形图 (4)根据梯形图列出指令语句表	(1)输入、输出地址遗漏或搞错，每处扣 1 分 (2)梯形图表达不正确或画法不规范，每处扣 2 分 (3)接线图表达不正确或画法不规范，每处扣 2 分 (4)指令有错，每条扣 2 分	10		

（续表）

序号	内容	考核要求	评分标准	配分	扣分	得分
2	安装与接线	（1）按 PLC 控制 I/O 接口（输出、输入）接线图和题目要求，在电工配线板或机架上装接线路 （2）要求操作熟练、正确，元件在设备上布置要均匀、合理，安装要准确、紧固，配线要平直、美观，接线要正确、可靠，整体装接水平要达到正确性、可靠性、工艺性的要求	（1）元件布置不整齐、不匀称、不合理，每处扣 1 分 （2）元件安装不牢固，安装元件时漏装木螺钉，每处扣 1 分 （3）损坏元件，每件扣 2 分 （4）模拟电气线路运行正常，如不按电气原理图接线扣 1 分 （5）布线不平直、不美观，每根扣 0.5 分 （6）接点松动、露铜过长、反圈、压绝缘层，标记线号不清楚、遗漏或误标，引出端无别径压端子，每处扣 0.5 分 （7）损伤导线绝缘或线芯，每根扣 0.5 分 （8）不按 PLC 控制 I/O 口（输入、输出）接线图接线，每处扣 2 分	30		
3	程序输入及调试	（1）正确地将所编程输入 PLC （2）按照被控设备的动作要求进行模拟调试 （3）互连 PLC 与外接线路板，联调达到设计要求	（1）不会熟练操作 PLC 键盘输入指令扣 2 分 （2）不会用删除、插入、修改等命令扣 2 分 （3）一次试车不成功扣 4 分；二次试车不成功扣 8 分；三次试车不成功扣 10 分 （4）其他功能不全，每处扣 3 分	40		
4	安全文明生产	（1）保护用品穿戴整齐 （2）电工工具佩戴齐全 （3）遵守操作规程 （4）尊重考评员，讲文明礼貌 （5）考试结束要清理现场	（1）违反考核要求，影响安全文明生产，每次倒扣 2~5 分 （2）发现考生有重大事故隐患时，每次扣 5~10 分；严重违规扣 15 分，直至取消考试资格			
备注		考核教师签字：	合计	100		
				年月日		

任务三　三路竞赛抢答器的 PLC 控制系统设计

任务描述

为确保比赛的公开、公平和公正，同时也可以增强比赛的娱乐性，在很多的知识竞赛或文体娱乐活动都采用了抢答器，图 3.1 为某单位组织的一次知识竞赛现场。现另一单位要开展一次知识抢答竞赛，比赛现场设有一主持台，主持台上设有一允许抢答按钮 SB1，一复位按钮 SB2，一七段数码显示器；另设有三个选手的抢答台，每个抢答台上设有一抢答按钮，现要求利用 PLC 设计一抢答器，具体要求如下。

1. 正常抢答

当主持人按下允许抢答按钮 SB1 后，抢答开始，选手可通过设在各抢答台上的抢答按钮进行抢答，最先按下按钮的由设在主席台上的七段数码管显示该台台号，表示抢答成功，其他抢答按钮无效，此后再按下无效。

2. 违规抢答

如果在主持人未按下开始按钮之前，有人提前按下抢答按钮，则属违规抢答，该台台号闪烁，同时违规指示灯亮闪亮，其它按钮无效。

3. 抢答完成

选手抢答成功，完成答题后，主持人按下复位按钮清除显示屏所显示的号码。

图 3.1　知识竞赛现场

任务目标

（1）能根据任务要求设计 I/O 分配表、接线图、梯形图和指令表。

（2）掌握七段数码管的使用。

（3）掌握上升沿脉冲和下降沿

脉冲的使用。

(4)能根据电路图和 PLC 接线图完成主电路和 PLC 控制线路连接。

(5)会使用 S7-Micro/WIN 软件将梯形图写入 PLC 并完成调试。

预备知识

上升沿指令是进行上升沿检出的触点指令,仅在执行条件上升沿时(off→on 变化时)接通一个扫描周期。

下降沿指令是进行下降沿检出的触点指令,仅在执行条件下降沿时(on→off 变化时)接通一个扫描周期。

如图 3.2 所示,X1 的信号波形图,一个周期由 4 个过程组合,过程 1,2,3,4。

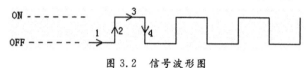

图 3.2　信号波形图

过程 1 为断开状态;

过程 2 为接通的瞬间状态——即由断开到接通的瞬间;

过程 3 为接通状态;

过程 4 为断开的瞬间状态——即由接通到断开的瞬间;

其中过程 2,由断开到接通的瞬间,则为脉冲上升沿。

如图 3.3 所示,梯形图中,"P"此条件只有当 I0.0 由断开→接通的瞬间(也就是上面波形图中的过程 2 这个状态时)才会接通一个扫描周期,其他时刻都不会接通。

其中过程 4,由接通到断开的瞬间,则为脉冲下降沿。

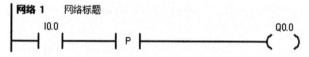

图 3.3　上升沿指令的应用举例

如图 3.4 所示,梯形图中,"N"此条件只有当 I0.0 由接通→断开的瞬间(也就是上面波形图中的过程 4 这个状态时)才会接通一个扫描周期,其他时刻都不会接通。

应用案例:每按一下 I0.1 按钮,VB1 的数值加 1。

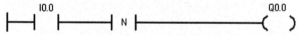

图 3.4　下降沿指令的应用举例

如图 3.5 所示程序中,INC_B 指令是"加 1"指令,当指令前面条件接通时,VB1 内的数据就加 1,并且只要条件接通,PLC 每扫描一次,VB1 内的数据都加 1。

"P"是一个上升沿指令,当 I0.0 由断开到接通时,"P"只接通一个扫描周期,所以 VB1 内的数据只加 1。

若程序中不加"P"上升沿脉冲指令,则 I0.0 由断开到接通时,VB1 的数据随着 PLC 的扫描过程而递增,即 PLC 每扫描一次,VB1 内的数据就加 1。

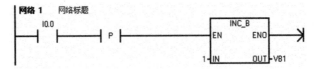

图 3.5 按钮计数程序

任务实施

1. 列出系统的 I/O 分配表

列出系统的 I/O 分配表(见表 3.1)。

表 3.1 系统的 I/O 分配表

输入信号		输出信号	
名称	PLC 地址	名称	PLC 地址
允许抢答按钮 SB1	I0.0	7 段数码管 a 段	Q0.0
复位按钮 SB2	I0.1	7 段数码管 b 段	Q0.1
1 号台按钮	I0.2	7 段数码管 c 段	Q0.2
2 号台按钮	I0.3	7 段数码管 d 段	Q0.3
3 号台按钮	I0.4	7 段数码管 e 段	Q0.4
		7 段数码管 f 段	Q0.5
		7 段数码管 g 段	Q0.6
		抢答指示灯	Q1.0

2. PLC 外部接线图

PLC 外部接线图如图 3.6 所示。

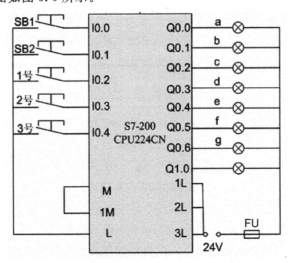

图 3.6 三路抢答器的 PLC 控制外部接线图

3.参考梯形图

参考梯形如图 3.7 所示。

网络 7　　网络标题

```
   I0.4          P          I0.3      Q1.0      M0.4      M0.5         M0.6
───┤ ├───────┤ ├────┐───┤/├──────┤/├──────┤/├──────┤/├───────(   )──
                    │
   M0.6             │
───┤ ├──────────────┘
```

网络 8

```
   M0.2                    Q0.0
───┤ ├────┬──────────────(   )──
          │
   M0.3   │
───┤ ├────┤
          │
   M0.5   │   SM0.5
───┤ ├────┤───┤ ├
          │
   M0.6   │   SM0.5
───┤ ├────┴───┤ ├
```

网络 9

```
   M0.1                    Q0.1
───┤ ├────┬──────────────(   )──
          │
   M0.2   │
───┤ ├────┤
          │
   M0.3   │
───┤ ├────┤
          │
   M0.4   │   SM0.5
───┤ ├────┤───┤ ├
          │
   M0.5   │   SM0.5
───┤ ├────┤───┤ ├
          │
   M0.6   │   SM0.5
───┤ ├────┴───┤ ├
```

网络 10

```
   M0.1                    Q0.2
───┤ ├────┬──────────────(   )──
          │
   M0.3   │
───┤ ├────┤
          │
   M0.4   │   SM0.5
───┤ ├────┤───┤ ├
          │
   M0.6   │   SM0.5
───┤ ├────┴───┤ ├
```

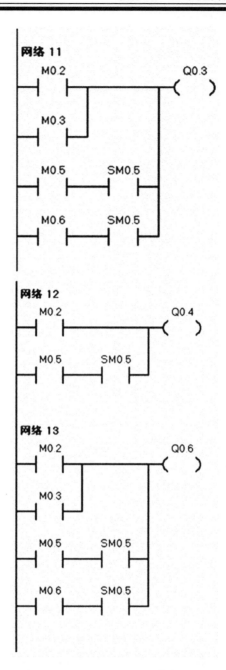

图 3.7 三路抢答器的 PLC 参考梯形图

4.指令表

指令表(见表 3.2)。

表 3.2 指令表

序号	操作码	操作数	序号	操作码	操作数
1	LD	I0.4	3	AN	I0.3
2	O	Q1.0	4	LD	I0.0

（续表）

序号	操作码	操作数	序号	操作码	操作数
5	EU		36	LD	I0.1
6	O	M0.1	37	EU	
7	AN	I0.3	38	O	M0.5
8	A	Q1.0	39	AN	I0.3
9	AN	M0.2	40	AN	Q1.0
10	AN	M0.3	41	AN	M0.4
11	=	M0.1	42	AN	M0.6
12	LD	I0.1	43	=	M0.5
13	EU		44	LD	I0.2
14	O	M0.2	45	EU	
15	AN	I0.3	46	O	M0.6
16	A	Q1.0	47	AN	I0.3
17	AN	M0.1	48	AN	Q1.0
18	AN	M0.3	49	AN	M0.4
19	=	M0.2	50	AN	M0.5
20	LD	I0.2	51	=	M0.6
21	EU		52	LD	M0.2
22	O	M0.3	53	O	M0.3
23	AN	I0.3	54	LD	M0.5
24	A	Q1.0	55	A	SM0.5
25	AN	M0.1	56	OLD	
26	AN	M0.2	57	LD	M0.6
27	=	M0.3	58	A	SM0.5
28	LD	I0.0	59	OLD	
29	EU		60	=	Q0.0
30	EU	EU	61	LD	M0.1
31	EU	EU	62	O	M0.2
32	EU	EU	63	O	M0.3
33	EU	EU	64	LD	M0.4
34	EU	EU	65	A	SM0.5
35	EU	EU	66	OLD	

序号	操作码	操作数	序号	操作码	操作数
67	LD	M0.5	87	OLD	
68	A	SM0.5	88	LD	M0.6
69	OLD		89	A	SM0.5
70	LD	M0.6	90	OLD	
71	A	SM0.5	91	=	Q0.3
72	OLD		92	LD	M0.2
73	=	Q0.1	93	LD	M0.5
74	LD	M0.1	94	A	SM0.5
75	O	M0.3	95	OLD	
76	LD	M0.4	96	=	Q0.4
77	A	SM0.5	97	LD	M0.2
78	OLD		98	O	M0.3
79	LD	M0.6	99	LD	M0.5
80	A	SM0.5	100	A	SM0.5
81	OLD		101	OLD	
82	=	Q0.2	102	LD	M0.6
83	LD	M0.2	103	A	SM0.5
84	O	M0.3	104	OLD	OLD
85	LD	M0.5	105	=	Q0.6
86	A	SM0.5			

5. 实践操作并观察现象

(1)按图 2.5 所示接线图在实训台上完成电路连接。

(2)在电脑桌面打开 S7-Micro/WIN 编程软件,并按图 2.6 所示梯形图输入。

(3)将编译好的程序写入 PLC,并按如下步骤进行调试:

①按下允许抢答按钮 I0.0,轮流按下各抢答台的抢答按钮,观察七段数码管的显示状态,以及抢答成功后再按其它按钮后七段数码管的显示状态;

②轮流按下各抢答台上的抢答按钮,观察七段数码管的显示状态;

③抢答完成,按下复位按钮 I0.1,观察七段数码管显示状态,同时观察按下三个抢答按钮后七段数码管的显示状态。

(4)如系统无法准确运行,仔细检查系统及接线。

6. 想一想

(1)如需设置答题时间为 20s,20s 后无法完成抢答则认为此次抢答结束,程序需如何设计。

(2)为什么要在程序中使用上升沿脉冲指令,如果不使用该指令,会存在什么问题。

(3)如将程序中的上升沿脉冲指令改为下降沿指令,调试程序,看是否存在问题。

7. 实验报告要求

(1)画出系统工作流程图。

(2)画出实训中所用的 I/O 分配表、接线图和梯形图。

(3)总结实训中所遇到的问题以及解决方法,并写出实训体会。

任务考核

任务考核(见表 3.3)。

表 3.3 任务考核

序号	内容	考核要求	评分标准	配分	扣分	得分
1	电路设计	根据任务: (1)列出元件信号对照表[PLC 控制 I/O 接口(输入、输出)元件地址分配表] (2)绘制 PLC 的 I/O 接口接线图 (3)根据工作要求设计梯形图 (4)根据梯形图列出指令语句表	(1)输入、输出地址遗漏或搞错,每处扣 1 分 (2)梯形图表达不正确或画法不规范,每处扣 2 分 (3)接线图表达不正确或画法不规范,每处扣 2 分 (4)指令有错,每条扣 2 分	10		
2	安装与接线	(1)按 PLC 控制 I/O 接口(输出、输入)接线图和题目要求,在电工配线板或机架上装接线路 (2)要求操作熟练、正确,元件在设备上布置要均匀、合理,安装要准确、紧固,配线要平直、美观,接线要正确、可靠,整体装接水平要达到正确性、可靠性、工艺性的要求	(1)元件布置不整齐、不匀称、不合理,每处扣 1 分 (2)元件安装不牢固,安装元件时漏装木螺钉,每处扣 1 分 (3)损坏元件,每件扣 2 分 (4)模拟电气线路运行正常,如不按电气原理图接线扣 1 分 (5)布线不平直、不美观,每根扣 0.5 分 (6)接点松动、露铜过长、反圈、压绝缘层,标记线号不清楚、遗漏或误标,引出端无别径压端子,每处扣 0.5 分 (7)损伤导线绝缘或线芯,每根扣 0.5 分 (8)不按 PLC 控制 I/O 口(输入、输出)接线图接线,每处扣 2 分	30		

（续表）

序号	内容	考核要求	评分标准	配分	扣分	得分
3	程序输入及调试	（1）正确地将所编程输入 PLC （2）按照被控设备的动作要求进行模拟调试 （3）互连 PLC 与外接线路板，联调达到设计要求	（1）不会熟练操作 PLC 键盘输入指令扣 2 分 （2）不会用删除、插入、修改等命令扣 2 分 （3）一次试车不成功扣 4 分；二次试车不成功扣 8 分；三次试车不成功扣 10 分 （4）其他功能不全，每处扣 3 分	40		
4	安全文明生产	（1）保护用品穿戴整齐 （2）电工工具佩戴齐全 （3）遵守操作规程 （4）尊重考评员，讲文明礼貌 （5）考试结束要清理现场	（1）违反考核要求，影响安全文明生产，每次倒扣 2～5 分 （2）发现考生有重大事故隐患时，每次扣 5～10 分；严重违规扣 15 分，直至取消考试资格			
备注		合计		100		
	考核教师签字：			年月日		

任务四　PLC改造三相异步电动机双速控制线路

任务描述

为了适应各种形式和各种工件的加工,要求镗床的主轴有较宽的调速范围,因此多采用双速或三速笼型异步电动机拖动的滑移齿轮有级变速系统。采用双速或三速电动机拖动,可简化机械变速机构。T68卧式镗床的主轴就是用双速异步电动机拖动的,如图 4.1 所示。

图 4.1　T68 镗床

双速电动机简介:双速异步电动机的调速属于异步电动机的变极调速,变极调速主要用于调速性能要求不高的场合,如铣床、镗床、磨床等机床及其它设备上,所需设备简单、体积小、质量轻,但电动机绕组引出头较多,调速级数少,级差大,不能实现无级调速。它主要是通过改变定子绕组的连接方式达到改变定子旋转磁场磁极对数,从而改变电动机的转速。

任务目标

本任务是维修电工高级工学习的基础,重点讲述 PLC 外部线路连接、STEP7-Micro/WIN 编程软件使用和梯形图编程基本理论知识。

(1)理解双速电机变极调速原理。

（2）学会三相异步电动机双速控制线路。

（3）会列出 I/O 分配表、PLC 接线图、梯形图和指令表。

（4）学会使用 PLC 定时器。

（5）能熟练操作编程软件 STEP7-Micro/WIN 和对 PLC 的读写。

（6）能熟练联接 PLC 的外部线路及电路。

预备知识

1. 双速异步电动机调速原理

由三相异步电动机的转速公式可知,改变异步电动机转速可通过三种方法来实现:一是改变电源频率;二是改变转差率;三是改变磁极对数。

改变异步电动机的磁极对数调速称为变极调速。变极调速是通过改变定子绕组的连接方式来实现的,它是有级调速,且只适用于笼型异步电动机。

2. 双速异步电动机定子绕组的连接

双速异步电动机定子绕组的△/YY 连接如图 4.2 所示。

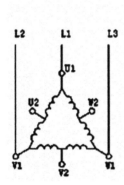
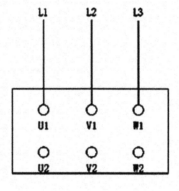

(a)

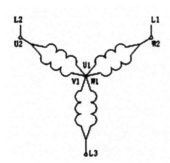
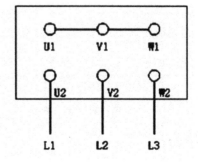

(b)

图 4.2 双速异步电动机定子绕组的△△/YY 连接图

(a)低速——△接法(4极) (b)高速——YY 接法(2极)

电动机低速工作时,要把三相电源分别接在出线端 U1、V1、W1 上,另外三个出线端 U2、V2、W2 不接,此时电动机定子绕组接成△形,磁极为 4 极,同步转速 1500r/min。

电动机高速工作室,要把三个出线端 U1、V1、W1 并接在一起,三相电源分别接到另外三个出线端 U2、V2、W2 上,此时电动机定子绕组接成 YY 形,磁极为 2 极,同步转速为 3000r/min。

小·提示

双速电动机定子绕组从一种接法改变为另一种接法时,必须把电源相序反接,以保证电动机的旋转方向不变。

3.定时器指令

定时器和计数器指令在控制系统中主要用来实现定时操作及计数操作。可用于需要按时间原则控制的场合及根据对某事件计数要求控制的场合。

S7-200 系列 PLC 的软定时器有三种类型,他们分别是接通延时定时器 TON、断开延时定时器 TOF 和保持型接通延时定时器 TONR,其定时时间等于分辨率与设定值的乘积。

定时器的分辨率有 1ms、10ms 和 100ms 三种,取决于定时器号码,如表 4.1 所示。定时器的设定值和当前值均为 16 位的有符号整数(INT),允许的最大值为 32767。定时器的预设值 PT 可寻址寄存器 VW、IW、QW、MW、SMW、SW、LW、AC、AIW、T、C、* VD、* AC 及常数。

表 4.1 定时器的类型

工作方式	时基/ms	最大定时范围/s	定时器号
TONR	1	32.767	T0,T64
	10	32.767	T1~T4,T65~T68
	100	3276.7	T5~T31,T69~T95
TON/TOF	1	32.767	T32,T963
	10	327.67	T33~T36,T97~T100
	100	3276.7	T37~T63,T101~T255

(1)接通延时定时器(TON),如表 4.2 所示。

表 4.2 接通延时定时器(TON)

梯形图 LAD	语句表 STL		功能
	操作码	操作数	
TXXX IN TON PT	TON	Txxx,PT	TON 定时器的使能输入端 IN 为"1"时,定时器开始定时;当定时器的当前值大于预定值 PT 时,定时器位变为 ON(该位为"1");当 TON 定时器的使能输入端 IN 由"1"变"0"时,定时器复位

说明:接通延时定时器 TON 用于单一间隔的定时。

(2)断开延时定时器(TOF),如表 4.3 所示。

表 4.3 断开延时定时器(TOF)

梯形图 LAD	语句表 STL		功能
	操作码	操作数	
TXXX IN TOF PT	TOF	Txxx,PT	TOF 定时器的使能输入端 IN 为"1"时,定时器位变ON,当前值被清零;当定时器的使能输入端 IN 为"0"时,定时器开始计时;当前值达到预定值 PT 时,定时器位变为 OFF(该位为"0")

说明:利用断开延时定时器 TOF 的工作特点,可实现某一事件(故障)发生后的时间延时。

(3)保持型接通延时定时器(TONR),如表 4.4 所示。

表 4.4 保持型接通延时定时器(TONR)

梯形图 LAD	语句表 STL		功能
	操作码	操作数	
TXXX IN TONR PT	TONR	Txxx,PT	TONR 定时器的使能输入端 IN 为"1"时,定时器开始延时;为"0"时,定时器停止计时,并保持当前值不变;当定时器当前值达到预定值 PT 时,定时器变为 ON(该位为"1")

说明:
①TONR 定时器的复位只能用复位指令来实现。
②利用 TONR 定时器指令的时间记忆功能,可实现对多次输入接通时间的累加。

(4)指令使用举例说明。用接在 I0.0 输入端的光敏开关检测传送带上通过的产品,有产品通过时 I0.0 为 ON,如果在 10s 内没有产品通过,由 Q0.0 发出报警信号,报警信号的解除用 I0.1 输入端外接的开关实现。

其 PLC 程序及时序图如图 4.3、图 4.4 所示。

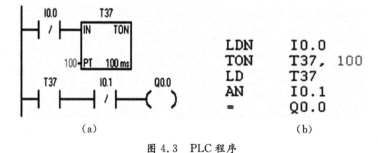

(a)   (b)

图 4.3 PLC 程序
(a)梯形图程序 (b)语句表程序

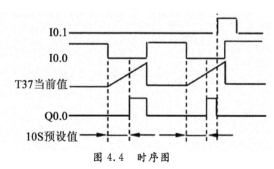

图 4.4 时序图

任务实施

一、接触器控制双速异步电动机的控制线路

通过任务描述,设计接触器控制双速异步电动机的控制线路(见图 4.5)。实现如下功能:

合上电源开关 QS。

(1)按下启动按钮 SB2,电动机定子绕组作△连接,低速运行;KT 开始计时 5S,5S 时间到,电机由低速转高速。按下停止按钮 SB3,电动机停转。

(2)按下停止按钮 SB1,电机无论在低速还是高速都能停止运转。

停止使用时,断开电源开关 QS。

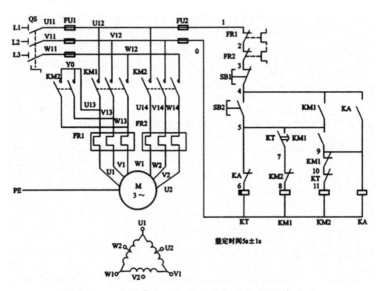

图 4.5 双速异步电动机定子绕组的△/YY 连接图

小提示

(1)电路图 KM2 是高速用接触器,主要考虑高速运行时主电路中需要五对主触头,而一般接触器的主触头只有三对,故使用二个高速接触器。

(2)主电路中接触器 KM1、KM2 在两种转速下电源相序需要改变,不能接错。

二、PLC 改造三相异步电动机 Y-△降压启动能耗制动控制线路

1.列出系统的 I/O 分配表

列出系统的 I/O 分配表(见表 4.5)。

表4.5　系统的I/O分配表

输入信号		输出信号	
名称	PLC 地址	名称	PLC 地址
停止按钮 SB1	I0.0	接触器 KM1	Q0.0
启动按钮 SB2	I0.1	接触器 KM2	Q0.1
热继电器 FR1	I0.2		
热继电器 FR2	I0.3		

2.PLC 外部接线图

PLC 外部接线图如图4.6 所示。

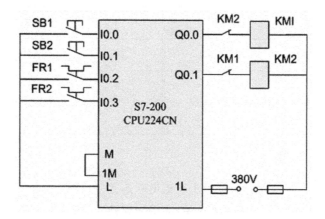

图4.6　PLC改造三相异步电动机双速控制线路外部接线图

3.参考梯形图

参考梯形图如图4.7 所示。

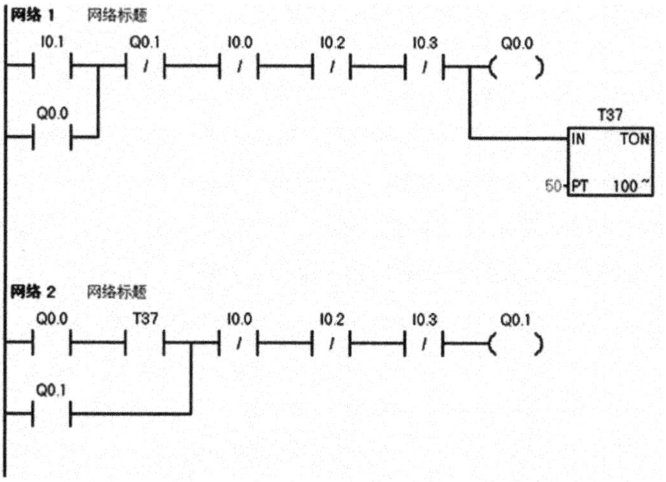

图4.7　PLC改造三相异步电动机双速控制线路参考梯形图

4.指令表

指令表(见表4.6)。

表 4.6 指令表

步序号	助记符	操作数	步序号	助记符	操作数
1	LD	I0.1	9	LD	Q0.0
2	O	Q0.0	10	A	T37
3	AN	Q0.1	11	O	Q0.1
4	AN	I0.0	12	AN	I0.0
5	AN	I0.2	13	AN	I0.2
6	AN	I0.3	14	AN	I0.3
7	=	Q0.0	15	=	Q0.1
8	TON	T37,50			

5.实践操作并观察现象

(1)按图4.6所示接线图在实训台上完成电路连接。

(2)在电脑桌面打开 STEP7-Micro/WIN 编程软件,并按图4.7所示梯形图输入。

(3)将编译好的程序写入 PLC,并按如下步骤进行调试:

①按下低速启动按钮 I0.1,观察输出点 Q0.0、接触器 KM1 和电动机状态。

②观察所有输出点、定时器 T37,以及接触器 KM2 和电动机状态。

③按下停止按钮 I0.0,观察所有输出点,接触器 KM1、KM2 和电动机状态。

(4)如系统无法准确运行,仔细检查系统及接线。

6.想一想

(1)如采用断开延时定时器,程序需如何设计。

(2)如需增加通电指示功能,程序需如何设计。

(3)如需增加电机制动警示,程序需如何设计。

(4)如需调整低速转高速的时间,程序需如何进行调整。

7.实验报告要求

(1)画出系统工作流程图。

(2)画出实训中所用的 I/O 分配表、接线图和梯形图。

(3)总结实训中所遇到的问题以及解决方法,并写出实训体会。

任务考核

任务考核(见表4.7)。

表 4.7 任务考核

序号	内容	考核要求	评分标准	配分	扣分	得分
1	电路设计	根据任务: (1) 列出元件信号对照表[PLC 控制 I/O 接口(输入、输出)元件地址分配表] (2) 绘制 PLC 的 I/O 接口接线图 (3) 根据工作要求设计梯形图 (4) 根据梯形图列出指令语句表	(1)输入、输出地址遗漏或搞错,每处扣 1 分 (2)梯形图表达不正确或画法不规范,每处扣 2 分 (3)接线图表达不正确或画法不规范,每处扣 2 分 (4)指令有错,每条扣 2 分	10		
2	安装与接线	(1)按 PLC 控制 I/O 接口(输出、输入)接线图和题目要求,在电工配线板或机架上装接线路 (2)要求操作熟练、正确,元件在设备上布置要均匀、合理,安装要准确、紧固,配线要平直、美观,接线要正确、可靠,整体装接水平要达到正确性、可靠性、工艺性的要求	(1)元件布置不整齐、不匀称、不合理,每处扣 1 分 (2)元件安装不牢固,安装元件时漏装木螺钉,每处扣 1 分 (3)损坏元件,每件扣 2 分 (4)模拟电气线路运行正常,如不按电气原理图接线扣 1 分 (5)布线不平直、不美观,每根扣 0.5 分 (6)接点松动、露铜过长、反圈、压绝缘层,标记线号不清楚、遗漏或误标,引出端别径压端子,每处扣 0.5 分 (7)损伤导线绝缘或线芯,每根扣 0.5 分 (8)不按 PLC 控制 I/O 口(输入、输出)接线图接线,每处扣 2 分	30		
3	程序输入及调试	(1) 正确地将所编程输入 PLC (2)按照被控设备的动作要求进行模拟调试 (3)互连 PLC 与外接线路板,联调达到设计要求	(1)不会熟练操作 PLC 键盘输入指令扣 2 分 (2)不会用删除、插入、修改等命令扣 2 分 (3)一次试车不成功扣 4 分;二次试车不成功扣 8 分;三次试车不成功扣 10 分 (4)其他功能不全,每处扣 3 分	40		
4	安全文明生产	(1)保护用品穿戴整齐 (2)电工工具佩戴齐全 (3)遵守操作规程 (4)尊重考评员,讲文明礼貌 (5)考试结束要清理现场	(1)违反考核要求,影响安全文明生产,每次倒扣 2~5 分 (2)发现考生有重大事故隐患时,每次扣 5~10 分;严重违规扣 15 分,直至取消考试资格			
备注		合计		100		
	考核教师签字:			年月日		

任务五

PLC改造三相异步电动机制动控制线路

任务描述

电动机断开电源后由于惯性不会马上停止转动,如我们日常所用的电风扇,因其不会造成人身或设备安全事故,故我们不需要进行制动。然而一些电机设备如不能立即制动将会引起重大安全事故,如建筑工地上的起重机的吊钩(见图 5.1),万能铣床铣削加工(见图5.2),都需要对电动机进行立即制动。

图 5.1 起重机

图 5.2 万能铣床

任务目标

(1)懂得使用 PLC 控制系统的基本方法和调试。

(2)能根据任务要求及继电器控制系统原理图设计 I/O 分配表、接线图、梯形图和指令表。

(3)能根据电路图和 PLC 接线图完成主电路和 PLC 控制线路连接。

(4)运用 S7-Micro/WIN 软件将梯形图写入 PLC 并完成调试。

预备知识

1.能耗制动

切断电动机电源后,这时转子沿原方向惯性运转,此时电动机 V、W 两相定子绕组通入直流电,使定子中产生一个恒定的静止磁场,惯性运转的转子因切割磁力线而在转子绕组中产生感应电流,又立即受到静止磁场的作用,产生电磁力矩,而此力矩的方向与电动机旋转方向正好相反,使电动机受制动迅速停转。

2.能耗制动所需直流电

一般用以下方法估算能耗制动所需直流电源,具体步骤如下:

(1)首先测量出电动机三根进线中任意两根之间的电阻 R。

(2)测量出电动机的进线空载电流 I_0。

(3)能耗制动所需直流电 $I_L = KI_0$,所需的支流电压 $U_L = I_L R$。其中系数 K 一般取 3.5～4。若考虑到电动机定子绕组的发热情况,并使电动机达到比较满意的制动效果,对转速高、惯性大的传动装置可取其上限。

(4)单相桥式整流电源变压器二次绕组电压和电流有效值分别为:

$$U_2 = \frac{U_L}{0.9}$$

$$I_2 = \frac{I_L}{0.9}$$

变压器计算容量为:

$$S = U_2 I_2$$

如果制动不频繁,可取变压器实际容量为:

$$S' = \left(\frac{1}{3} \sim \frac{1}{4}\right) S$$

3.置位与复位指令

置位与复位指令如表5.1所示。

表5.1　置位复位指令的格式及功能

梯形图 LAD	语气表 STL		功能
	操作码	操作数	
—(S) bit N	S	bit,N	条件满足时,从 bit 开始的 N 个位被置"1"
—(R) bit N	R	bit,N	条件满足时,从 bit 开始的 N 个位被清"0"

说明:
①bit 位为指定操作的起始位地址,置位与复位指令可寻址的寄存器有 I、Q、M、S、SM、V、T、C、L 的位值;
②N 指定操作的位数,其范围是 0～255,可立即数寻址,也可寄存器寻址(IB、QB、MB、SMB、SB、LB、VB、AC、∗AC、∗VD)
③当对同一位地址进行的复位、置位指令同时满足条件时,写在后面的指令被有效执行。

应用举例:用 I0.0 同时启动三台电机,用 I0.1 同时停止三台电机。

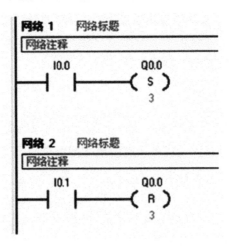

任务实施

一、三相异步电动机 Y-△降压启动能耗制动控制线路

通过任务描述,设计三相异步电动机 Y—△降压启动能耗制动控制线路,如图 5.3 所示。实现如下功能:

合上电源开关 QS。

(1)按下正转启动按钮 SB1,电动机定子绕组接成 Y 形降压启动;Y 形启动 8s 后,电动机定子绕组接成△形全压运行。

(2)按下停止按钮 SB2,电动机定子绕组接成 Y 形,同时对电动机能耗制动。

(3)停止使用时,断开电源开关 QS。

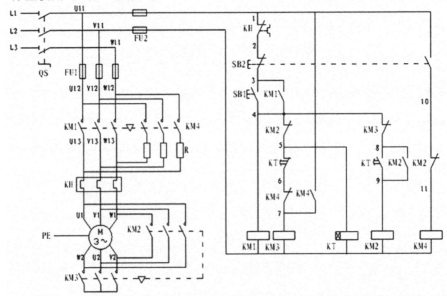

整定时间 8s±1s

图 5.3　三相异步电动机 Y-△降压启动能耗制动电路图

小·提示

　　线路中采用了四个交流接触器,即KM1为电源接触器,为电动机运行提供三相电源;KM3为星形接触器,将电动机定子绕组接成星形;KM2为三角形接触器,将电动机定子绕组接成三角形;KM4为能耗制动接触器,给电动机定子绕组加直流电,进行能耗制动。其中电源接触器和能耗制动接触器以及星形接触器和三角形接触器都分别需要硬件联锁。

二、PLC改造三相异步电动机Y-△降压启动能耗制动控制线路

1.列出系统的I/O分配表

列出系统的I/O分配表(见表5.2)。

表5.2　系统的I/O分配表

输入信号		输出信号	
名称	PLC地址	名称	PLC地址
启动按钮SB1	I0.2	主电路接触器KM1	Q0.0
能耗制动	I0.1	三角接触器KM2	Q0.1
热继电器KH	I0.3	星形接触器KM3	Q0.2
		能耗制动接触器KM4	Q0.3

2.PLC外部接线图

PLC外部接线图如图5.4所示。

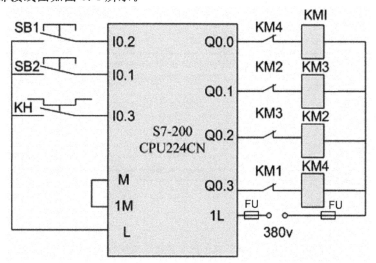

图5.4　PLC改造三相异步电动机制动控制线路外部接线图

3.参考梯形图

参考梯形图如图 5.5 所示。

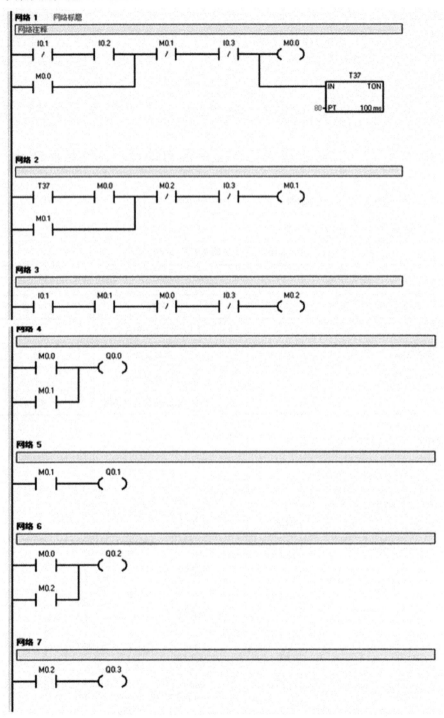

图 5.5　PLC 改造三相异步电动机制动控制线路梯形图

4. 指令表

指令表(见表5.3)。

表5.3　指令表

序号	操作码	操作数	序号	操作码	操作数
0	LD	I0.1	14	A	M0.1
1	A	I0.2	15	AN	M0.0
2	O	M0.0	16	AN	I0.3
3	AN	M0.1	17	=	M0.2
4	AN	I0.3	18	LD	M0.0
5	=	M0.0	19	O	M0.1
6	TON	T37	20	=	Q0.0
7	LD	T37	21	LD	M0.1
8	A	M0.0	22	=	Q0.1
9	O	M0.1	23	LD	M0.0
10	AN	M0.2	24	O	M0.1
11	AN	I0.3	25	=	Q0.2
12	=	M0.1	26	LD	M0.2
13	LD	I0.1	27	=	Q0.3

5. 实践操作并观察现象

(1)按图5.4所示接线图在实训台上完成电路连接。

(2)在电脑桌面打开S7-Micro/WIN编程软件,并按图5.5所示梯形图输入。

(3)将编译好的程序写入PLC,并按如下步骤进行调试:

①按下启动按钮,观察输出点Q0.0、Q0.2、定时器T37,以及接触器KM1、KM3和电动机状态。

②等8s后,观察输出点Q0.0、Q0.1、Q0.2,以及接触器KM1、KM2、KM3和电动机状态。

③电机在运转的任一时刻按下能耗制动按钮I0.1,观察所有输出点状态变化,以及所有接触器和电动机状态。

(4)如系统无法准确运行,仔细检查系统及接线。

6. 想一想

(1)如采用断开延时定时器,程序需如何设计。

(2)如需增加通电指示功能,程序需如何设计。

(3)如需增加电机制动警示,程序需如何设计。

(4)如需调整Y-△转换的时间,程序需如何进行调整。

7. 实验报告要求

(1)画出系统工作流程图。

（2）画出实训中所用的 I/O 分配表、接线图和梯形图。

（3）总结实训中所遇到的问题以及解决方法，并写出实训体会。

任务考核

任务考核（见表5.4）。

表 5.4　任务考核

序号	内容	考核要求	评分标准	配分	扣分	得分
1	电路设计	根据任务： （1）列出元件信号对照表[PLC 控制 I/O 接口（输入、输出）元件地址分配表] （2）绘制 PLC 的 I/O 接口接线图 （3）根据工作要求设计梯形图 （4）根据梯形图列出指令语句表	（1）输入、输出地址遗漏或搞错，每处扣 1 分 （2）梯形图表达不正确或画法不规范，每处扣 2 分 （3）接线图表达不正确或画法不规范，每处扣 2 分 （4）指令有错，每条扣 2 分	10		
2	安装与接线	（1）按 PLC 控制 I/O 接口（输出、输入）接线图和题目要求，在电工配线板或机架上装接线路 （2）要求操作熟练、正确，元件在设备上布置要均匀、合理，安装要准确、紧固，配线要平直、美观，接线要正确、可靠，整体装接水平要达到正确性、可靠性、工艺性的要求	（1）元件布置不整齐、不匀称、不合理，每处扣 1 分 （2）元件安装不牢固，安装元件时漏装木螺钉，每处扣 1 分 （3）损坏元件，每件扣 2 分 （4）模拟电气线路运行正常，如不按电气原理图接线扣 1 分 （5）布线不平直，不美观，每根扣 0.5 分 （6）接点松动、露铜过长、反圈、压绝缘层，标记线号不清楚、遗漏或误标，引出端别径压端子，每处扣 0.5 分 （7）损伤导线绝缘或线芯，每根扣 0.5 分 （8）不按 PLC 控制 I/O 口（输入、输出）接线图接线，每处扣 2 分	30		
3	程序输入及调试	（1）正确地将所编程输入 PLC （2）按照被控设备的动作要求进行模拟调试 （3）互连 PLC 与外接线路板，联调达到设计要求	（1）不会熟练操作 PLC 键盘输入指令扣 2 分 （2）不会用删除、插入、修改等命令扣 2 分 （3）一次试车不成功扣 4 分；二次试车不成功扣 8 分；三次试车不成功扣 10 分 （4）其他功能不全，每处扣 3 分	40		
4	安全文明生产	（1）保护用品穿戴整齐 （2）电工工具佩戴齐全 （3）遵守操作规程 （4）尊重考评员，讲文明礼貌 （5）考试结束要清理现场	（1）违反考核要求，影响安全文明生产，每次倒扣 2～5 分 （2）发现考生有重大事故隐患时，每次 5～10 分；严重违规扣 15 分，直至取消考试资格			
备注			合计	100		
	考核教师签字：			年月日		

任务六　PLC 控制上料爬斗生产线的设计

任务描述

为提升工作效率,在很多煤矿企业或者石料企业都安装有自动装料生产线系统,如图 6.1 所示为一控制系统的简单上料爬斗生产线示意图,装料爬斗由三相异步电动机 M1 拖动,电机将料斗提升到上限,碰到行程开关后,料斗自动翻斗卸料,停留 20s;完成卸料后料斗后,电机拖动料斗反向下降,达到下限撞行程开关 SQ2 后,装料爬斗控制电机 M1 停止转动,等待转料,同时起动由三相异步电动机 M2 拖动的皮带运输机拖动材料向料斗加料,20s 后,装料完成,装料皮带机自行停止,料斗则自动上升,……,如此不断循环。

生产线设计任务要求:

(1)工作方式设置为自动循环。

(2)有必要的电气保护和联锁。

(3)自动循环时应按上述顺序动作,料斗可以停在任意位置,起动时可以使料斗随意从上升或下降开始运行。

(4)爬斗拖动应有制动抱闸。

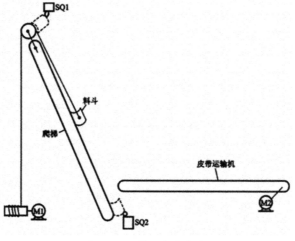

图 6.1　上料爬斗生产线

任务目标

(1)懂得使用继电器控制系统的基本方法和调试。

(2)能根据任务要求及继电器控制系统原理图设计 I/O 分配表、接线图、梯形图和指令表。

(3)能根据电路图和 PLC 接线图完成主电路和 PLC 控制线路连接。

(4)能绘制工作流程图。

(5)会使用 S7-Micro/WIN 软件将梯形图写入 PLC 并完成调试。

任务实施

一、工作流程图分析

工作流程图分析如图 6.2 所示。

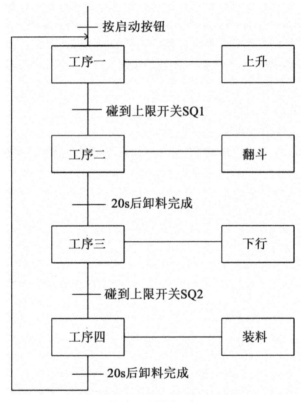

图 6.2　工作流程图

二、PLC控制运料小车运动装置

1. 列出系统的I/O分配表

列出系统的I/O分配表(见表6.1)。

表6.1 系统的I/O分配表

输入信号		输出信号	
名称	PLC地址	名称	PLC地址
启动按钮 SB1	I0.0	M1电机上升接触器 KM1	Q0.0
上限位开关 SQ1	I0.1	卸料料斗接触器	Q0.1
下限位开关 SQ2	I0.2	M1电机下降接触器 KM2	Q0.2
停止按钮 SB2	I0.3	M2电机接触器 KM2	Q0.3

2. PLC外部接线图

PLC外部接线图如图6.3所示。

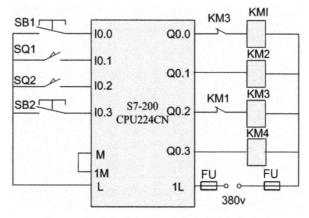

图6.3 PLC控制上料爬斗生产线外部接线图

3. 参考梯形图

参考梯形图如图6.4所示。

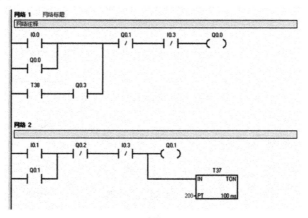

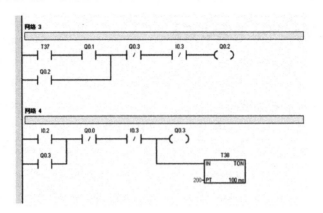

图 6.4　PLC 控制上料爬斗生产线参考梯形图

4.指令表

指令表(见表 6.2)。

表 6.2　指令表

序号	操作码	操作数	序号	操作码	操作数
0	LD	I0.0	13	TON	T37,200
1	O	Q0.0	14	LD	T37
2	LD	T38	15	A	Q0.1
3	A	Q0.3	16	O	Q0.2
4	OLD		17	AN	Q0.3
5	AN	Q0.1	18	AN	I0.3
6	AN	I0.3	19	=	Q0.2
7	=	Q0.0	20	LD	I0.2
8	LD	I0.1	21	O	Q0.3
9	O	Q0.1	22	AN	Q0.0
10	AN	Q0.2	23	AN	I0.3
11	AN	I0.3	24	=	Q0.3
12	=	Q0.1	25	TON	T38,200

5.实践操作并观察现象

(1)按图 6.3 所示接线图在实训台上完成电路连接。

(2)在电脑桌面打开 S7-Micro/WIN 编程软件,并按图 6.4 所示梯形图输入。

(3)将编译好的程序写入PLC,并按如下步骤进行调试:

①按下启动按钮SB1,观察输出点Q0.0输出,以及接触器KM1、KM2和电动机状态。

②按下上限开关SQ1,观察输出点Q0.0输出及定时器T37状态,以及接触器KM1、KM2和电动机状态。

③T37定时时间到后,观察输出点Q0.1输出状态,以及接触器KM1、KM2和电动机状态。

④按下下限开关SQ2,观察所有输出Q0.1、Q0.2、定时器T38,接触器KM2、KM3和电动机状态。

⑤T38定时时间到后,观察输出点Q0.0、Q0.2输出状态,以及接触器KM1、KM3和电动机状态。

⑥任一时刻按下停止按钮SB2,观察输出点Q0.0、Q0.1、Q0.2及Q0.3输出状态变化,以及接触器KM1、KM2、KM3、KM4和电动机状态变化。

(4)如系统无法准确运行,仔细检查系统及接线。

6.想一想

(1)如需增加工作指示灯,程序需如何设计。

(2)如需增加通电指示功能,程序需如何设计。

(3)程序中是如需电机制动抱闸,如何实现。

(4)图3中,KM3线圈之前为什么要串一个KM1常闭触点,KM1线圈之前为什么要串一个KM3常闭触点,如不加会有什么问题。

7.实验报告要求

(1)画出系统工作流程图。

(2)画出实训中所用的I/O分配表、接线图和梯形图。

(3)总结实训中所遇到的问题以及解决方法,并写出实训体会。

任务考核

任务考核(见表6.3)。

表6.3 任务考核

序号	内容	考核要求	评分标准	配分	扣分	得分
1	电路设计	根据任务: (1)列出元件信号对照表[PLC控制I/O接口(输入、输出)元件地址分配表] (2)绘制PLC的I/O接口接线图 (3)根据工作要求设计梯形图 (4)根据梯形图列出指令语句表	(1)输入、输出地址遗漏或搞错,每处扣1分 (2)梯形图表达不正确或画法不规范,每处扣2分 (3)接线图表达不正确或画法不规范,每处扣2分 (4)指令有错,每条扣2分	10		

（续表）

序号	内容	考核要求	评分标准	配分	扣分	得分
2	安装与接线	(1)按 PLC 控制 I/O 接口(输出、输入)接线图和题目要求，在电工配线板或机架上装接线路 (2)要求操作熟练、正确,元件在设备上布置要均匀、合理,安装要准确、紧固,配线要平直、美观,接线要正确、可靠,整体装接水平要达到正确性、可靠性、工艺性的要求	(1)元件布置不整齐、不匀称、不合理,每处扣 1 分 (2)元件安装不牢固,安装元件时漏装木螺钉,每处扣 1 分 (3)损坏元件,每件扣 2 分 (4)模拟电气线路运行正常,如不按电气原理图接线扣 1 分 (5)布线不平直、不美观,每根扣 0.5 分 (6)接点松动、露铜过长、反圈、压绝缘层,标记线号不清楚、遗漏或误标,引出端无别径压端子,每处扣 0.5 分 (7)损伤导线绝缘或线芯,每根扣 0.5 分 (8)不按 PLC 控制 I/O 口(输入、输出)接线图接线,每处扣 2 分	30		
3	程序输入及调试	(1)正确地将所编程输入 PLC (2)按照被控设备的动作要求进行模拟调试 (3)互连 PLC 与外接线路板,联调达到设计要求	(1)不会熟练操作 PLC 键盘输入指令扣 2 分 (2)不会用删除、插入、修改等命令扣 2 分 (3)一次试车不成功扣 4 分;二次试车不成功扣 8 分;三次试车不成功扣 10 分 (4)其他功能不全,每处扣 3 分	40		
4	安全文明生产	(1)保护用品穿戴整齐 (2)电工工具佩戴齐全 (3)遵守操作规程 (4)尊重考评员,讲文明礼貌 (5)考试结束要清理现场	(1)违反考核要求,影响安全文明生产,每次倒扣 2~5 分 (2)发现考生有重大事故隐患时,每次扣 5~10 分;严重违规扣 15 分,直至取消考试资格			
备注			合计	100		
	考核教师签字:			年月日		

任务七 PLC 控制运料小车运动装置的设计

任务描述

为节省人工成本，在一些企业的生产线都装有运料小车生产线，图 7.1 为一运料小车示意图。小车停在原位，按下启动按钮后，小车启动右行，当碰到右限位开关后，小车停止右转，同时装料漏斗翻门启动，7s 后装料完成，小车左行，当碰到左限位开关后，小车停止左转，小车底门打开开始卸料，5s 后卸料完成，小车又开始右行……。现根据要求用 PLC 完成运料小车的控制设计。

任务要求如下：

(1)运料小车可通过 SA 开关选择设置单周及自动循环模式。

(2)为确保安全，运料小车应必须在原位才能启动运行。

(3)为确保安全，运料小车在运行过程当中，按下停止按钮应立即停止左行或右行，同时回到起始位置(左限位受压原点位置)。

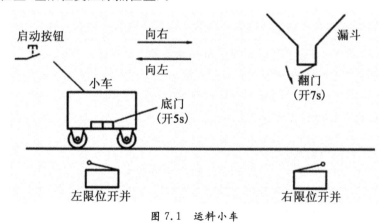

图 7.1 运料小车

任务目标

(1)懂得使用 PLC 控制系统的基本方法和调试。

(2)能根据任务要求及继电器控制系统原理图设计 I/O 分配表、接线图、梯形图和指令表。

(3)能根据电路图和 PLC 接线图完成主电路和 PLC 控制线路连接。

(4)会使用 S7-Micro/WIN 软件将梯形图写入 PLC 并完成调试。

(5)漏斗、翻门的的开闭用接触器得失电模拟。

任务实施

1.状态流程图分析

PLC 控制运料小车外部接线图如图 7.2 所示。

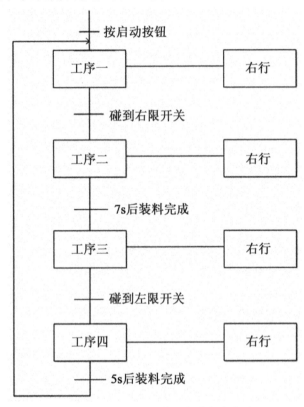

图 7.2　PLC 控制运料小车外部接线图

2.列出系统的 I/O 分配表

列出系统的 I/O 分配表(见表 7.1)。

表 7.1　系统的 I/O 分配表

输入信号		输出信号	
名称	PLC 地址	名称	PLC 地址
启动按钮 SB1	I0.0	右行接触器 KM1	Q0.0
右限位开关	I0.1	漏斗翻门接触器 KM2	Q0.1
左限位开关	I0.3	左行接触器 KM3	Q0.2
停止按钮 SB2	I0.4	小车底门接触器 KM4	Q0.3
单周/循环选择开关	I1.0		

3.PLC外部接线图

PLC外部接线图(见图7.3)。

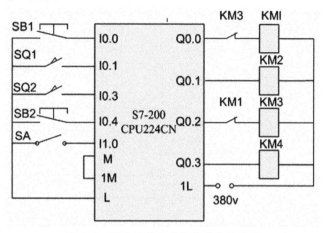

图 7.3　PLC控制运料小车外部接线图

4.参考梯形图

参考梯形图(见图7.4)。

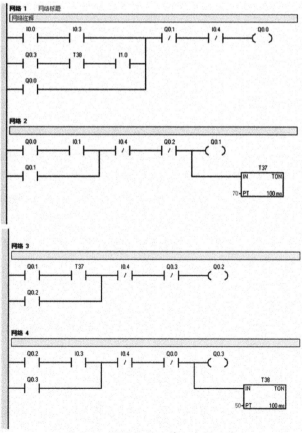

图 7.4　PLC控制运料小车梯形图

5. 指令表

指令表(见表 7.2)。

表 7.2　指令表

序号	操作码	操作数	序号	操作码	操作数
0	LD	I0.0	15	=	Q0.1
1	A	I0.3	16	TON	T37,70
2	LD	Q0.3	17	LD	Q0.1
3	A	T38	18	A	T37
4	A	I1.0	19	O	Q0.2
5	OLD		20	AN	I0.4
6	O	Q0.0	21	AN	Q0.3
7	AN	Q0.1	22	=	Q0.2
8	AN	I0.4	23	LD	Q0.2
9	=	Q0.0	24	A	I0.3
10	LD	Q0.0	25	O	Q0.3
11	A	I0.1	26	AN	I0.4
12	O	Q0.1	27	AN	Q0.0
13	AN	I0.4	28	=	Q0.3
14	AN	Q0.2	29	TON	T38,50

6. 实践操作并观察现象

(1)按图 7.3 所示接线图在实训台上完成电路连接。

(2)在电脑桌面打开 S7-Micro/WIN 编程软件,并按图 7.4 所示梯形图输入。

(3)将编译好的程序写入 PLC,并按如下步骤进行调试:

①小车在原位(即左限位开关 SQ2 得电),按下启动按钮 SB1,观察输出点 Q0.0 变化情况,以及接触器 KM1 和电动机状态。

②碰到右限位开关 SQ1 后,小车开始装料,观察输出点 Q0.0、Q0.1、定时器 T37 状态,以及接触器 KM1、KM2 和电动机状态。

③T37 计时时间到,小车装料完成,小车左行,观察输出点 Q0.1、Q0.2,以及接触器 KM2、KM3 和电动机状态。

④小车左行碰到左限位开关,小车卸料,观察输出点 Q0.2、Q0.3、定时器 T38,以及接触器 KM3、KM4 和电动机状态。

⑤T38 计时时间到,小车卸料完成,观察输出点 Q0.0、Q0.3,以及接触器 KM1、KM4和电动机状态。

⑥拨动单周及自动循环选择开关 SA,按 1—5 顺序调试,同时调试系统的单周及自动循环控制模式。

⑦系统运行时,按下停止按钮 SB2,查看小车而能否回到原点。

(4)如系统无法准确运行,仔细检查系统及接线。

7.想一想

(1)如程序采用复位和置位指令实现,程序需要如何设计。

(2)如需增加装货和卸货指示灯,程序需如何设计。

(3)图 3 中,KM1 线圈之前为什么要串一个 KM3 常闭触点,KM3 线圈之前为什么要串一个 KM1 常闭触点,如不加会有什么问题。

(4)如需调整小车装货或卸货的时间,程序需如何进行调整。

8.实验报告要求

(1)画出系统工作流程图。

(2)画出实训中所用的 I/O 分配表、接线图和梯形图。

(3)总结实训中所遇到的问题以及解决方法,并写出实训体会。

任务考核

任务考核(见表 7.3)。

表 7.3　任务考核

序号	内容	考核要求	评分标准	配分	扣分	得分
1	电路设计	根据任务: (1) 列出元件信号对照表〔PLC 控制 I/O 接口(输入、输出)元件地址分配表〕 (2) 绘制 PLC 的 I/O 接口接线图 (3) 根据工作要求设计梯形图 (4) 根据梯形图列出指令语句表	(1)输入、输出地址遗漏或搞错,每处扣 1 分 (2)梯形图表达不正确或画法不规范,每处扣 2 分 (3)接线图表达不正确或画法不规范,每处扣 2 分 (4)指令有错,每条扣 2 分	10		
2	安装与接线	(1)按 PLC 控制 I/O 接口(输出、输入)接线图和题目要求,在电工配线板或机架上装接线路 (2)要求操作熟练、正确,元件在设备上布置要均匀、合理,安装要准确、紧固,配线要平直、美观,接线要正确、可靠,整体装接水平要达到正确性、可靠性、工艺性的要求	(1)元件布置不整齐、不匀称、不合理,每处扣 1 分 (2)元件安装不牢固,安装元件时漏装木螺钉,每处扣 1 分 (3)损坏元件,每件扣 2 分 (4)模拟电气线路运行正常,如不按电气原理图接线扣 1 分 (5)布线不平直、不美观,每根扣 0.5 分 (6)接点松动、露铜过长、反圈、压绝缘层,标记线号不清楚、遗漏或误标,引出端别径压端子,每处各扣 0.5 分 (7)损伤导线绝缘或线芯,每根扣 0.5 分 (8)不按 PLC 控制 I/O 口(输入、输出)接线图接线,每处扣 2 分	30		

(续表)

序号	内容	考核要求	评分标准	配分	扣分	得分
3	程序输入及调试	(1) 正确地将所编程输入 PLC (2) 按照被控设备的动作要求进行模拟调试 (3) 互连 PLC 与外接线路板,联调达到设计要求	(1) 不会熟练操作 PLC 键盘输入指令扣 2 分 (2) 不会用删除、插入、修改等命令扣 2 分 (3) 一次试车不成功扣 4 分;二次试车不成功扣 8 分;三次试车不成功扣 10 分 (4) 其他功能不全,每处扣 3 分	40		
4	安全文明生产	(1) 保护用品穿戴整齐 (2) 电工工具佩戴齐全 (3) 遵守操作规程 (4) 尊重考评员,讲文明礼貌 (5) 考试结束要清理现场	(1) 违反考核要求,影响安全文明生产,每次倒扣 2~5 分 (2) 发现考生有重大事故隐患时,每次扣 5~10 分;严重违规扣 15 分,直至取消考试资格			
备注			合计	100		
	考核教师签字:			年月日		

任务八 PLC 控制液压动力滑台的设计

任务描述

图 8.1 为该液压动力滑台的工作循环、油路系统,表 8.1 为电磁阀通断表。SQ1 为原位行程开关,SQ2 为工进行程开关,在整个工进过程中 SQ2 一直受压,故采用长挡铁,SQ3 为加工终点行程开关。本题假设液压泵电动机已启动。

设计任务要求:

(1)工作方式设置为自动循环、单周。

(2)有必要的电气保护和联锁。

(3)自动循环时应按图 8.1 所示顺序动作。

(4)按启动按钮 SB1 后,滑台即进入循环,直至压下 SQ3 后滑台自动退回原位;也可按快退按钮 SB2,使滑台在其他任何位置上立即退回原位,同时有必要的联锁保护环节。

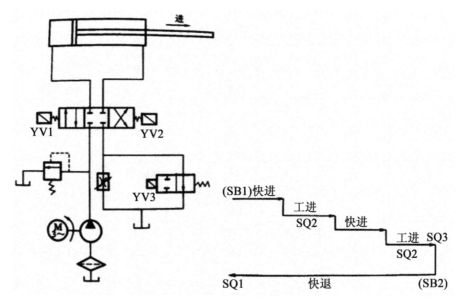

图 8.1 液压动力滑台及工作流程

表 8.1　电磁阀通断表

	YV1	YV2	YV3
原位	—	—	—
快进	+	—	—
工进	+	—	+
快进	+	—	—
工进	+	—	+
快退	—	+	—

任务目标

(1)懂得使用继电器控制系统的基本方法和调试。

(2)能根据任务要求及继电器控制系统原理图设计 I/O 分配表、接线图、梯形图和指令表。

(3)能根据电路图和 PLC 接线图完成主电路和 PLC 控制线路连接。

(4)会使用 S7-Micro/WIN 软件将梯形图写入 PLC 并完成调试。

任务实施

1.工作流程图分析

工作流程图分析如图 8.2 所示。

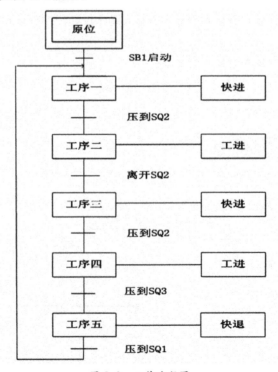

图 8.2　工作流程图

2.列出系统的I/O分配表

PLC的I/O分配表(见表8.2)。

表8.2　PLC的I/O分配表

输入信号		输出信号	
名称	PLC 地址	名称	PLC 地址
启动按钮 SB1	I0.0	YV1 电磁阀	Q0.0
原位行程开关 SQ1	I1.3	YV2 电磁阀	Q0.1
工进行程开关 SQ2	I1.1	YV3 电磁阀	Q0.2
终点行程开关 SQ3	I1.2		
快退按钮 SB2	I0.4		
单周/循环选择 SA	I1.0		

3.PLC外部接线图

PLC外部接线图(见图8.3)。

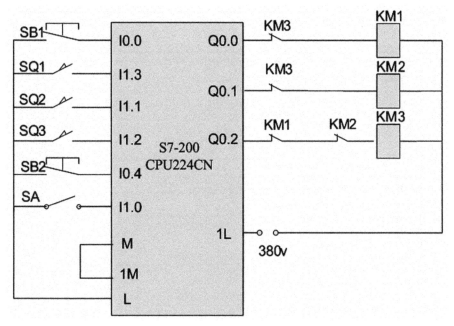

图8.3　PLC控制液压动力滑台外部接线图

4. 参考梯形图

参考梯形图(见图 8.4)。

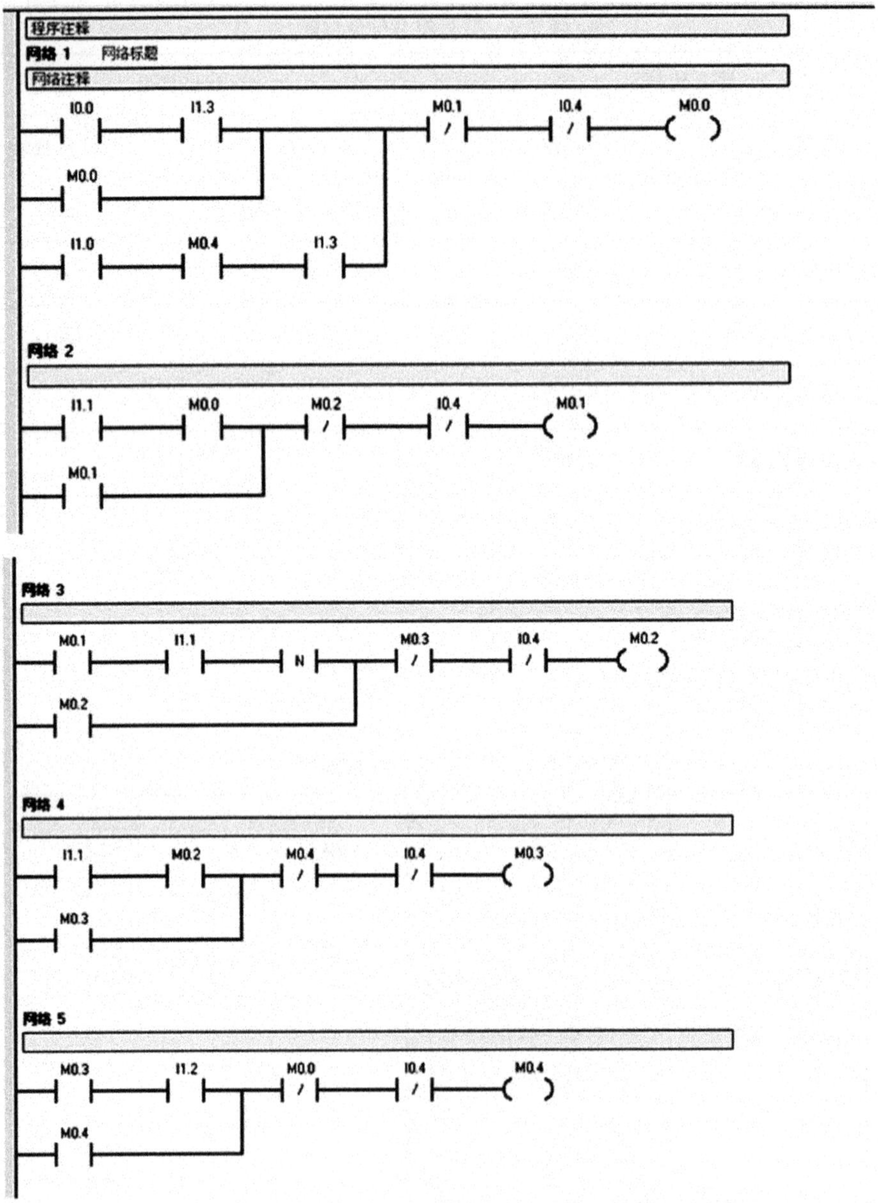

图 8.4

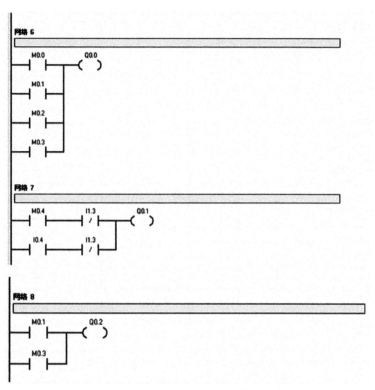

图 8.4 PLC控制液压动力滑台参考梯形图

5.指令表

指令表(见表 8.3)。

表 8.3 指令表

序号	操作码	操作数	序号	操作码	操作数
0	LD	I0.0	12	O	M0.1
1	A	I1.3	13	AN	M0.2
2	O	M0.0	14	AN	I0.4
3	LD	I1.0	15	=	M0.1
4	A	M0.4	16	LD	M0.1
5	A	I1.3	17	A	I1.1
6	OLD		18	ED	
7	AN	M0.1	19	O	M0.2
8	AN	I0.4	20	AN	M0.3
9	=	M0.0	21	AN	I0.4
10	LD	I1.1	22	=	M0.2
11	A	M0.0	23	LD	I1.1

（续表）

序号	操作码	操作数	序号	操作码	操作数
24	A	M0.2	37	O	M0.2
25	O	M0.3	38	O	M0.3
26	AN	M0.4	39	=	M0.4
27	AN	I0.4	40	LD	M0.4
28	=	M0.3	41	AN	I1.3
29	LD	M0.3	42	LD	I0.4
30	A	I1.2	43	AN	I1.3
31	O	M0.4	44	OLD	
32	AN	M0.0	45	=	Q0.1
33	AN	I0.4	46	LD	M0.1
34	=	M0.4	47	O	M0.3
35	LD	M0.0	48	=	Q0.2
36	O	M0.1			

6. 实践操作并观察现象

(1)按图 8.3 所示接线图在实训装置上完成电路连接。

(2)在电脑桌面打开 S7-Micro/WIN 编程软件，并按图 8.4 所示梯形图输入。

(3)将编译好的程序写入 PLC，并按如下步骤进行调试：

①按下启动按钮 I0.0，观察输出点 Q0.0、Q0.1、Q0.2，以及接触器 KM1、KM2 和电动机状态；

②按下限位开关 I1.1，观察所有输出 Q0.0、Q0.1、Q0.2，接触器 KM2、KM1 和电动机状态。

③离开限位开关 I1.1，观察所有输出 Q0.0、Q0.1、Q0.2，接触器 KM2、KM1 和电动机状态。

④按下限位开关 I1.1，观察所有输出 Q0.0、Q0.1、Q0.2，接触器 KM2、KM1 和电动机状态。

⑤按下限位开关 I1.2，观察所有输出 Q0.0、Q0.1、Q0.2，接触器 KM3、KM4 和电动机状态。

⑥按下限位开关 I1.3，观察所有输出 Q0.0、Q0.1、Q0.2，接触器 KM3、KM4 和电动机状态。或按下快退按钮 I0.4，退到原位。

(4)如系统无法准确运行，仔细检查系统及接线。

7. 想一想

(1)如采用断开延时定时器，程序需如何设计。

（2）如需增加通电指示功能,程序需如何设计。

（3）如需增加电机制动警示,程序需如何设计。

（4）图 8-3 中,KM4 线圈之前为什么要串一个 KM1 常闭触点,KM1 线圈之前为什么要串一个 KM4 常闭触点,如不加会有什么问题。

8.实验报告要求

（1）画出系统工作流程图。

（2）画出实训中所用的 I/O 分配表、接线图和梯形图。

（3）总结实训中所遇到的问题以及解决方法,并写出实训体会。

任务考核

任务考核(见表 8.4)。

表 8.4　任务考核

序号	内容	考核要求	评分标准	配分	扣分	得分
1	电路设计	根据任务: (1)列出元件信号对照表[PLC 控制 I/O 接口(输入、输出)元件地址分配表] (2)绘制 PLC 的 I/O 接口接线图 (3)根据工作要求设计梯形图 (4)根据梯形图列出指令语句表	(1)输入、输出地址遗漏或搞错,每处扣 1 分 (2)梯形图表达不正确或画法不规范,每处扣 2 分 (3)接线图表达不正确或画法不规范,每处扣 2 分 (4)指令有错,每条扣 2 分	10		
2	安装与接线	(1)按 PLC 控制 I/O 接口(输出、输入)接线图和题目要求,在电工配线板或机架上装接线路 (2)要求操作熟练、正确,元件在设备上布置要均匀、合理,安装要准确、紧固,配线要平直、美观,接线要正确、可靠,整体装接水平要达到正确性、可靠性、工艺性的要求	(1)元件布置不整齐、不匀称、不合理,每处扣 1 分 (2)元件安装不牢固,安装元件时漏装木螺钉,每处扣 1 分 (3)损坏元件,每件扣 2 分 (4)模拟电气线路运行正常,如不按电气原理图接线扣 1 分 (5)布线不平直、不美观,每根扣 0.5 分 (6)接点松动、露铜过长、反圈、压绝缘层,标记线号不清楚、遗漏或误标,引出端无别径压端子,每处扣 0.5 分 (7)损伤导线绝缘或线芯,每根扣 0.5 分 (8)不按 PLC 控制 I/O 口(输入、输出)接线图接线,每处扣 2 分	30		

（续表）

序号	内容	考核要求	评分标准	配分	扣分	得分
3	程序输入及调试	（1）正确地将所编程输入 PLC （2）按照被控设备的动作要求进行模拟调试 （3）互连 PLC 与外接线路板，联调达到设计要求	（1）不会熟练操作 PLC 键盘输入指令扣 2 分 （2）不会用删除、插入、修改等命令扣 2 分 （3）一次试车不成功扣 4 分；二次试车不成功扣 8 分；三次试车不成功扣 10 分 （4）其他功能不全,每处扣 3 分	40		
4	安全文明生产	(1)保护用品穿戴整齐 (2)电工工具佩戴齐全 (3)遵守操作规程 (4)尊重考评员,讲文明礼貌 (5)考试结束要清理现场	(1)违反考核要求,影响安全文明生产,每次倒扣 2～5 分 (2)发现考生有重大事故隐患时,每次扣 5～10 分；严重违规扣 15 分,直至取消考试资格			
备注			合计	100		
	考核教师签字：			年月日		

任务九　双水塔自动供水 PLC 控制系统设计

任务描述

义乌工商职业技术学院学生公寓依美丽的鸡鸣山而建,所在位置地势较高,市自来水公司正常市政供水水压难以满足学生公寓正常供水,致使学生公寓高楼层经常停水(见图9.1)。为确保学生公寓正常供水,义乌工商职业技术学院投入巨资建设了三个水塔,一个水塔建在鸡鸣山山脚(以下称 1 号水塔),1 号水塔用以储存自来水公司市政来水;2 号水塔建在鸡鸣山上,主要为老公寓区块供水;3 号水塔也建在鸡鸣山上,主要为新公寓区块供水。2 号水塔设分别设有高水位液位传感器 S1 和低水位液位传感器 S2,另在水塔进水工设有 2 号水塔控制电磁阀 YV1;3 号水塔设分别设有高水位液位传感器 S3 和低水位液位传感器 S4,另在水塔进水工设有 3 号水塔控制电磁阀 YV2;1 号水塔设有一低水位液位传感器 S5;2 号水塔和 3 号水塔的水由设在 1 号水塔边的水泵从 1 号水塔抽取,现拟采用 PLC 对自动供水控制系统进行设计,现要求如下:

(1)当 1 号水塔水位低于 S5 时,系统报警,报警灯以 10 Hz 频率闪烁。

(2)当 1 号水塔水位高于 S5 时,2 号水塔水位低于 S2 时,YV1 电磁阀打开,水泵开启,水泵从 1 号水塔抽水到 2 号水塔。

(3)当 1 号水塔水位高于 S5 时,3 号水塔水位低于 S2 时,YV2 电磁阀打开,水泵开启,水泵从 1 号水塔抽水到 3 号水塔。

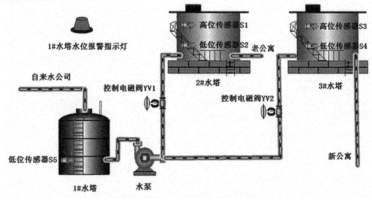

图 9.1　义乌工商学院公寓供水

任务目标

(1)懂得 PLC 控制系统的基本调试方法。

(2)能根据任务要求及继电器控制系统原理图设计 I/O 分配表、接线图、梯形图和指令表。

(3)能根据电路图和 PLC 接线图完成主电路和 PLC 控制线路连接。

(4)运用 S7-MicroWIN 软件将梯形图写入 PLC 并完成调试。

任务实施

1.列出系统的 I/O 分配表

PLC 系统的 I/O 分配表(见表 9.1)。

表 9.1 系统的 I/O 分配表

输入信号		输出信号	
名称	PLC 地址	名称	PLC 地址
启动按钮 SB1	I0.0	运行指示灯	Q0.0
停止按钮 SB2	I0.1	S5 缺水报警灯	Q0.1
S5 液位传感器	11.0	水泵接触器 KM	Q0.2
S1 液位传感器	I1.1	YV1 电磁阀	Q0.3
S2 液位传感器	I1.2	YV2 电磁阀	Q0.4
S3 液位传感器	I1.3		
S4 液位传感器	I1.4		

2.PLC 外部接线图

PLC 外部接线图如图 9.2 所示。

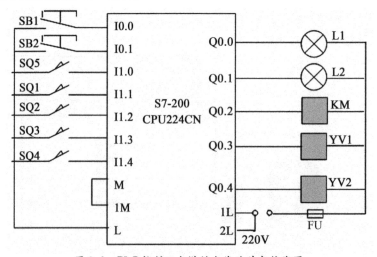

图 9.2 PLC 控制双水塔供水线路外部接线图

3.参考梯形图

参考梯形图如图 9.3 所示。

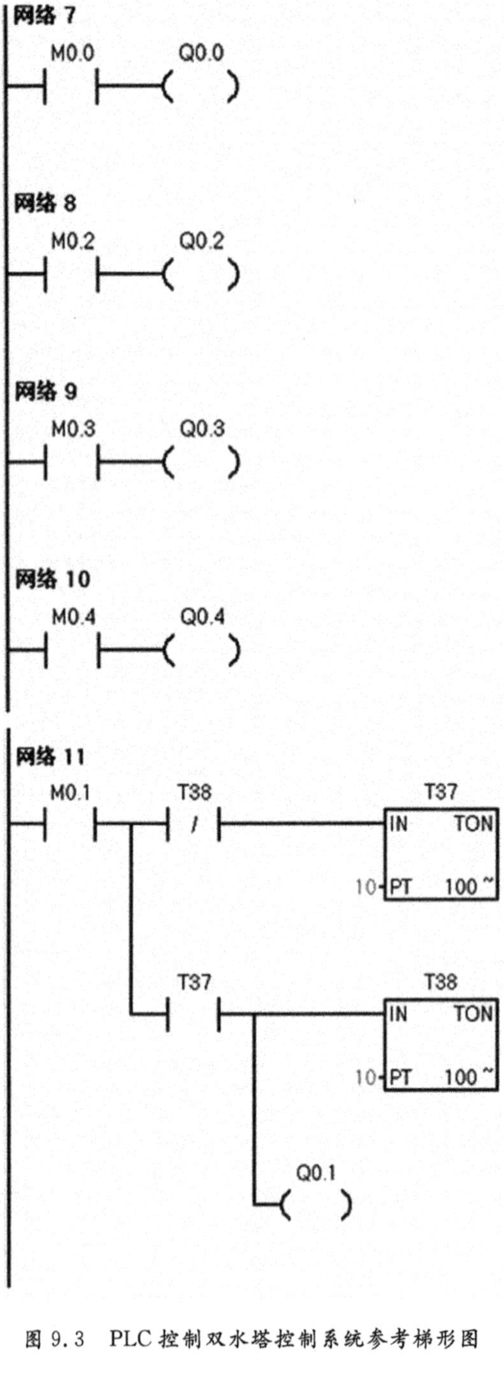

网络 7

```
M0.0        Q0.0
 ┤├──────────( )
```

网络 8

```
M0.2        Q0.2
 ┤├──────────( )
```

网络 9

```
M0.3        Q0.3
 ┤├──────────( )
```

网络 10

```
M0.4        Q0.4
 ┤├──────────( )
```

网络 11

```
M0.1      T38              T37
 ┤├───┬───┤/├──────────IN    TON
      │
      │                 10─PT   100 ~
      │
      │   T37              T38
      └───┤├──────┬───IN    TON
                  │
                  │     10─PT   100 ~
                  │
                  │   Q0.1
                  └──( )
```

图 9.3　PLC 控制双水塔控制系统参考梯形图

4.指令表

指令表(见表 9.2)。

表 9.2　指令表

步序号	助记符	操作数	步序号	助记符	操作数
0	LD	I0.0	26	AN	M0.1
1	O	M0.0	27	AN	I1.1
2	AN	I0.1	28	=	M0.3
3	=	M0.0	29	LDN	I1.4
4	LD	M0.0	30	A	M0.2
5	AN	I1.0	31	O	M0.4
6	AN	I0.1	32	AN	I0.1
7	=	M0.1	33	AN	M0.1
8	LDN	I1.4	34	AN	I1.3
9	O	M0.2	35	=	M0.4
10	A	M0.0	36	LD	M0.0
11	AN	I0.1	37	=	Q0.0
12	AN	M0.1	38	LD	M0.2
13	AN	I1.3	39	=	Q0.2
14	=	M0.2	40	LD	M0.3
15	LDN	I1.2	41	=	Q0.3
16	O	M0.2	42	LD	M0.4
17	A	M0.0	43	=	Q0.4
18	AN	I0.1	44	LD	M0.1
19	AN	M0.1	45	LPS	
20	AN	I1.1	46	AN	T38
21	=	M0.2	47	TON	T37,10
22	LDN	I1.2	48	LPP	
23	A	M0.2	49	A	T37
24	O	M0.3	50	TON	T38,10
25	AN	I0.1	51	=	Q0.1

5. 实践操作并观察现象

(1)按图 9.2 所示接线图在实训台上完成电路连接。

(2)将图 9.3 所示参考梯形图输入 PLC。

(3)按下 SB1 供水系统启动，将 1 号水塔水位设为低于低水位，查看系统是否以 10hz 频率报警。

(4)按下 SB1 供水系统启动，将 1 号水塔水位设为高于低水位，将 2 号水塔水位设为低于低水位，查看 YV1 和水泵得电情况，再将 2 号水塔水位先设为高于低水位再设为高于高水位，同时查看 YV1 和水泵得电情况。

(5)按下 SB1 供水系统启动，将 1 号水塔水位设为高于低水位，将 3 号水塔水位设为低于低水位，查看 YV2 和水泵得电情况，再将 3 号水塔水位先设为高于低水位再设为高于高水位，同时查看 YV2 和水泵得电情况。

(6)按下 SB2 系统停止运行。

(7)如系统无法准确运行，仔细检查系统及接线。

6. 想一想

(1)如采用断开延时定时器，程序需如何设计。

(2)如需增加 2 号水塔供水指示灯，程序需如何设计。

(3)如需增加 3 号水塔供水指示灯，程序需如何设计。

(4)如水泵功率较大，需采用 Y−△ 模式启动，程序需如何进行调整。

7. 实验报告要求

(1)画出系统工作流程图。

(2)画出实训中所用的 I/O 分配表、接线图和梯形图。

(3)总结实训中所遇到的问题以及解决方法，并写出实训体会。

任务考核

评分标准(见表 9.3)。

表 9.3　评分标准

序号	内容	考核要求	评分标准	配分	扣分	得分
1	电路设计	根据任务： (1)列出元件信号对照表[PLC 控制 I/O 接口(输入、输出)元件地址分配表] (2)绘制 PLC 的 I/O 接口接线图 (3)根据工作要求设计梯形图 (4)根据梯形图列出指令语句表	(1)输入、输出地址遗漏或搞错，每处扣 1 分 (2)梯形图表达不正确或画法不规范，每处扣 2 分 (3)接线图表达不正确或画法不规范，每处扣 2 分 (4)指令有错，每条扣 2 分	10		

（续表）

序号	内容	考核要求	评分标准	配分	扣分	得分
2	安装与接线	(1)按 PLC 控制 I/O 接口（输出、输入）接线图和题目要求，在电工配线板或机架上装接线路 (2)要求操作熟练、正确,元件在设备上布置要均匀、合理,安装要准确、紧固,配线要平直、美观,接线要正确、可靠,整体装接水平要达到正确性、可靠性、工艺性的要求	(1)元件布置不整齐、不匀称、不合理,每处扣 1 分 (2)元件安装不牢固,安装元件时漏装木螺钉,每处扣 1 分 (3)损坏元件,每件扣 2 分 (4)模拟电气线路运行正常,如不按电气原理图接线扣 1 分 (5)布线不平直、不美观,每根扣 0.5 分 (6)接点松动、露铜过长、反圈、压绝缘层,标记线号不清楚,遗漏或误标,引出端无别径压端子,每处扣 0.5 分 (7)损伤导线绝缘或线芯,每根扣 0.5 分 (8)不按 PLC 控制 I/O 口（输入、输出）接线图接线,每处扣 2 分	30		
3	程序输入及调试	(1)正确地将所编程输入 PLC (2)按照被控设备的动作要求进行模拟调试 (3)互连 PLC 与外接线路板,联调达到设计要求	(1)不会熟练操作 PLC 键盘输入指令扣 2 分 (2)不会用删除、插入、修改等命令扣 2 分 (3)一次试车不成功扣 4 分;二次试车不成功扣 8 分;三次试车不成功扣 10 分 (4)其他功能不全,每处扣 3 分	40		
4	安全文明生产	(1)保护用品穿戴整齐 (2)电工工具佩戴齐全 (3)遵守操作规程 (4)尊重考评员,讲文明礼貌 (5)考试结束要清理现场	(1)违反考核要求,影响安全文明生产,每次倒扣 2～5 分 (2)发现考生有重大事故隐患时,每次扣 5～10 分;严重违规扣 15 分,直至取消考试资格			
备注			合计	100		
	考核教师签字:			年月日		

任务十　PLC 控制寝室智能供电系统的设计

任务描述

随着社会的不断发展,各类新技术不断出现并投入使用,在校的大学生几乎为人手一台电脑。然而令人遗憾的是,很多同学和家长说配电脑是为学习需要,而实际上很多同学的电脑的主要用途却是游戏和娱乐,甚至有部分同学还患上了"网瘾",通宵达旦玩游戏。为加强学生寝室管理,提升管理效率,很多学校的公寓楼寝室都安装有智能管理系统,该系统能自动供断电,断电时间如设计任务要求所示,现要求根据任务要求设计寝室智能供电的 PLC 控制系统设计。

设计任务要求:

(1)每年的 6 月 1 日—9 月 30 日。天气炎热,因此学生寝室将不断电,24 小时供电。为使管理员可以非常容易判断当前的供电方式,此方式在七段数码显示管上显示为"1"。

(2)每年的 1 月 1 日—5 月 31 日及 10 月 1 日—12 月 30 日。

①周日—周四夜间,第二天学习日,因此寝室断电时间为:22:30,寝室供电时间为6:00;为使管理员可以非常容易判断当前的供电方式,此方式在七段数码显示管上显示为"2"。

②周五—周六,第二天为休息日,因此断电时间调整为:23:00,寝室供电时间为6:00;为使管理员可以非常容易判断当前的供电方式,此方式在七段数码显示管上显示为"3"。

任务目标

(1)懂得使用继电器控制系统的基本方法和调试。

(2)能根据任务要求及系统原理图设计 I/O 分配表、接线图、梯形图和指令表。

(3)能根据电路图和 PLC 接线图完成主电路和 PLC 控制线路连接。

(4)掌握比较指令,时钟指令读取及比较指令的应用。

(5)掌握显示指令的应用。

(6)会使用 S7-Micro/WIN 软件将梯形图写入 PLC 并完成调试。

预备知识

1.时钟指令

时钟读写指令有读取时钟指令 READ_RTC 和写时钟指令 SET_RTC,读取实时时钟指令 READ_RTC 是从硬件时钟中读取当前时间和日期,并把它装载到一个以某个地址为起始的 8 个字节的存储区中,写时钟指令 SET_RTC 是将当前时间和日期写入到用以某个地址为起始的在 8 个字节存储区开始的硬件时钟中。以地址 T 起始的 8 个字节的存储区中存储的数据内容及数值范围如表 10.1 所示,还需注意的是对于星期的数值,1 代表星期日,7 代表星期六。

表 10.1 数据内容及范围

地址偏移	VB0	VB1	VB2	VB3	VB4	VB5	VB6	VB7
数据内容	年	月	日	小时	分钟	秒	0	星期
数值范围	00—99	01—12	01—31	00—23	00—59	00—59	00	0—7

注意:对于一个全新的 CPU,需先在菜单的"PLC—实时时钟"或者通过写时钟指令给 CPU 分配一个时间。在使用时钟读写指令时,有三个点是要注意的,一是,一般是用上升沿触发设置实时时钟指令的,也就是在驱动条件的上升沿,就把设定的时间写入到 PLC 里面;二是,读实时时钟指令用 SM0.5 来调用,也就是 1s 读取一次,读取出 PLC 里面的实时时间;三是,时钟的显示数值是以 BCD 码(16♯无字母的数)形式的。

2.数据转换指令

(1)整数与双字整数互换指令(见表 10.2)。

表 10.2 整数与双字整数互换指令

梯形图	语句表 STL		功能
	操作码	操作数	
I_DI DI_I	ITD	IN,OUT	当使能位 EN 为 1 时,将整数值 IN 转换为一个双字整数值,或将双字整数值 IN 转换为一个字整数值,结果存放到指定的存储器 OUT 中
	DTI	IN,OUT	

(2)双字整数与实数互换指令(见表 10.3)。

表 10.3 双字整数与实数互换指令

梯形图	语句表 STL		功能
	操作码	操作数	
DI_R	DTR	IN,OUT	当使能位 EN 为 1 时,把 32 位有符号整数 IN 转换为 32 位实数 OUT
ROUND	ROUND	IN,OUT	当使能位 EN 为 1 时,把 32 位实数 IN 转换成一个双字整数值,实数的小数点部分四舍五入,结果存入 OUT 中

（续表）

梯形图	语句表 STL		功能
	操作码	操作数	
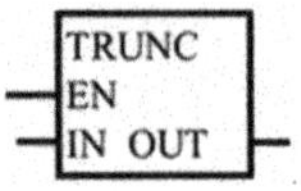 TRUNC EN IN OUT	TRUNC	IN,OUT	当使能位 EN 为 1 时,把 32 位实数 IN 转换成一个双字整数值,仅实数的整数部分被转换,小数部分则被舍去,结果存入 OUT 中

（3）BCD 码与整数互换指令（见表 10.4）。

表 10.4　BCD 码与整数互换指令

梯形图	语句表 STL		功能
	操作码	操作数	
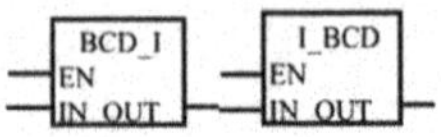 BCD_I EN IN OUT　I_BCD EN IN OUT	BCDI IBCD	IN,OUT IN,OUT	当使能位 EN 为 1 时,把输入的 BCD 码转换成整数 I,或是把输入的整数 I 转换成 BCD 码,并将转换结果存入 OUT

3.段码指令

段码指令（见表 10.5）。

表 10.5　段码指令

梯形图	语句表 STL		功能
	操作码	操作数	
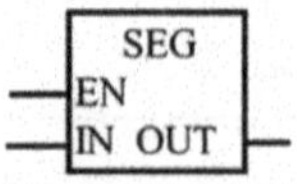 SEG EN IN OUT	SEG	IN,OUT	当使能位 EN 为 1 时,将输入字节 IN 的低四位有效数字值,转换为七段显示码,并输出到字节 OUT

说明:
①操作数 IN、OUT 寻址范围不包括专用的字及双字存储器如 T、C、HC 等,其中 OUT 不能寻址常数。
②七段显示码的编码规则如图 10.1 所示。

IN	OUT . g f e d c b a	段码显示	IN	OUT . g f e d c b a
0	0 0 1 1　1 1 1 1		8	0 1 1 1　1 1 1 1
1	0 0 0 0　0 1 1 0		9	0 1 1 0　0 1 1 1
2	0 1 0 1　1 0 1 1		A	0 1 1 1　0 1 1 1
3	0 1 0 0　1 1 1 1		B	0 1 1 1　1 1 0 0
4	0 1 1 0　0 1 1 0		C	0 0 1 1　1 0 0 1
5	0 1 1 0　1 1 0 1		D	0 1 0 1　1 1 1 0
6	0 1 1 1　1 1 0 1		E	0 1 1 1　1 0 0 1
7	0 0 0 0　0 1 1 1		F	0 1 1 1　0 0 0 1

图 10.1　七段显示码的编码规则

4.数据比较指令

数据比较指令(见表10.6)。

表 10.6　数据比较指令

梯形图	语句表 STL		功能
	操作码	操作数	
IN1 ┤F X├ IN2	LDXF AXF OXF	IN1,IN2 IN1,IN2 IN1,IN2	比较两个数 IN1 和 IN2 的大小,若比较式为真,则该触点闭合。

说明:
①操作码中的 F 代表比较符号,可分为"="、"<>"、">="、"<="、">"及"<"六种。
②操作码中的 X 代表数据类型,分字节(B)、字整数(I)、双字整数(D)和实数(R)四种。
③操作数的寻址范围要与指令码中的 X 一致。
④字节指令是无符号的,字整数、双字整数及实数比较都是有符号的。
⑤比较指令中的<>、<、>指令不适用于 CPU21X 系列机型。

任务实施

1.列出系统的 I/O 分配表

列出系统的 I/O 分配表(见表10.7)。

表 10.7　PLC 的 I/O 分配表

输入信号		输出信号	
名称	PLC 地址	名称	PLC 地址
启动按钮 SB1	I0.0	显示器"a"段	Q0.0
停止按钮 SB2	I0.1	显示器"b"段	Q0.1
		显示器"c"段	Q0.2
		显示器"d"段	Q0.3
		显示器"e"段	Q0.4
		显示器"f"段	Q0.5
		显示器"g"段	Q0.6
		供电控制接触器	Q1.0

2. PLC 外部接线图

PLC 外部接线图,如图 10.2 所示。

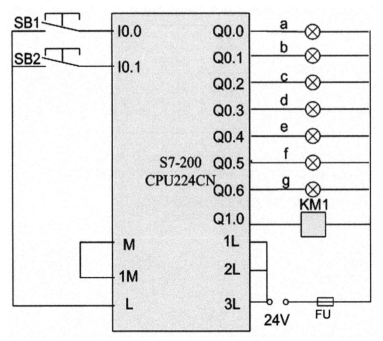

图 10.2　寝室智能供电的 PLC 控制系统设计

3. 参考梯形图

参考梯形图,如图 10.3 所示。

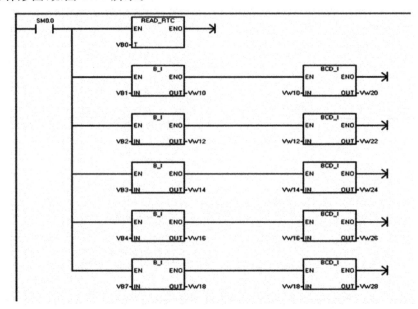

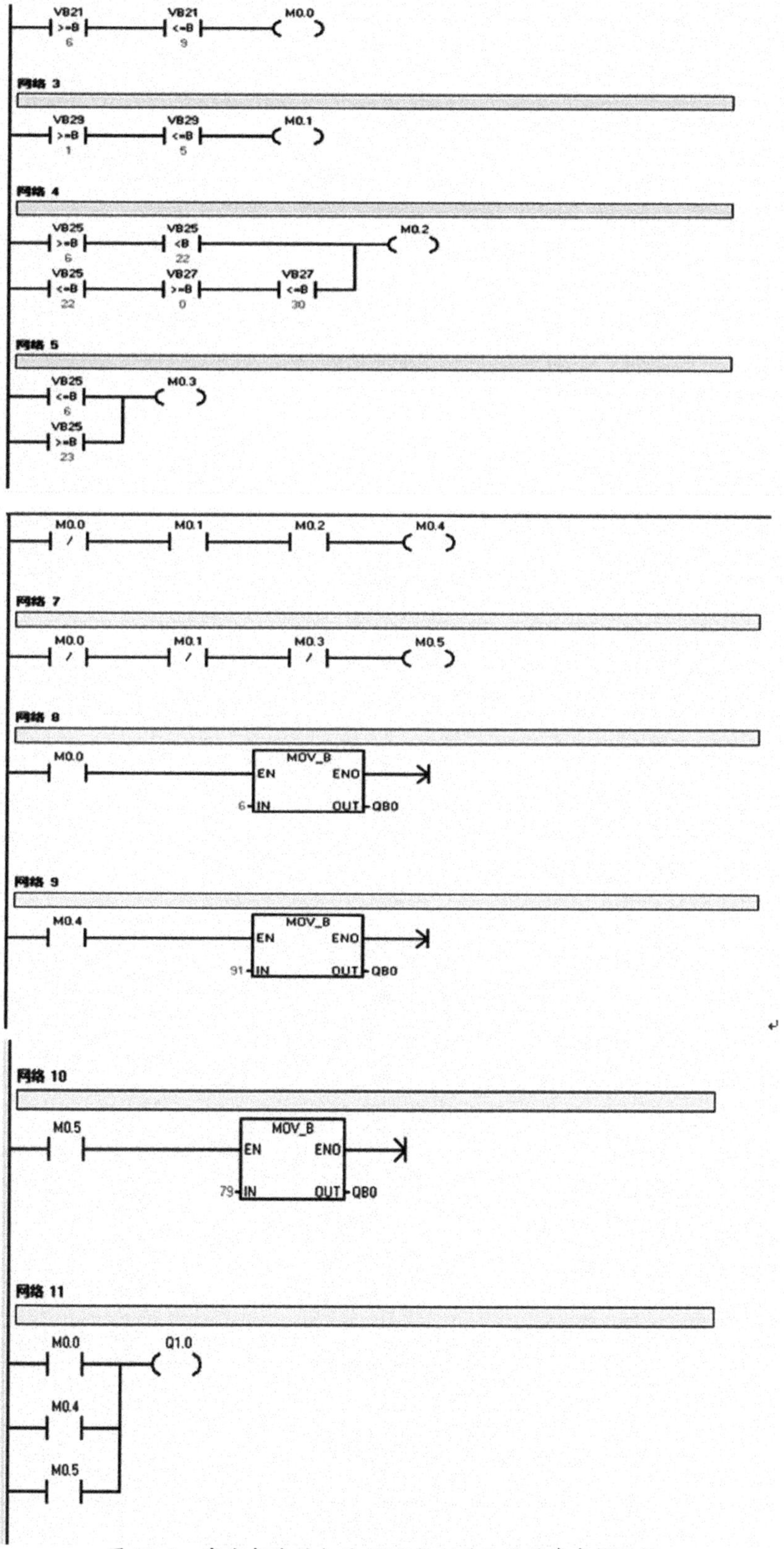

图 10.3　寝室智能供电的 PLC 控制系统设计参考梯形图

4. 指令表

指令表(见表10.8)。

表 10.8　指令表

序号	操作码	操作数	序号	操作码	操作数
1	LD	SM0.0	29	LDB>=	VB25,6
2	LPS		30	AB<	VB25,22
3	TODR	VB0	31	LDB<=	VB25,22
4	BTI	VB1,VW10	32	AB>=	VB27,0
5	AENO		33	AB<=	VB27,30
6	MOVW	VW10,VW20	34	OLD	
7	BCDI	VW20	35	=	M0.2
8	LRD		36	LDB<=	VB25,
9	BTI	VB2,VW12	37	OB>=	VB25,
10	AENO		38	=	M0.3
11	MOVW	VW12,VW22	39	LDN	M0.0
12	BCDI	VW22	40	A	M0.1
13	LRD		41	A	M0.2
14	BTI	VB4,VW16	42	=	M0.4
15	MOVW	VW16,VW26	43	LDN	M0.0
16	BCDI	VW26	44	AN	M0.1
17	LRD		45	AN	M0.3
19	BTI	VB7,VW18	46	=	M0.5
20	AENO		47	LD	M0.0
21	MOVW	VW18,VW28	48	MOVB	6,QB0
22	BCDI	VW28	49	LD	M0.4
23	LDB>=	VB21,6	50	MOVB	91,QB0
24	AB<=	VB21,9	51	LD	M0.5
25	=	M0.0	52	MOVB	79,QB0
26	LDB>=	VB29,1	53	LD	M0.0
27	AB<=	VB29,5	54	O	M0.4
28	=	M0.1	55	O	M0.5
			56	=	Q1.0

5.实践操作并观察现象

(1)按图 10.2 所示接线图在实训装置上完成电路连接。

(2)在电脑桌面打开 S7-Micro/WIN 编程软件,并按图 10.3 所示梯形图输入。

(3)将编译好的程序写入 PLC,并按如下步骤进行调试:

①按下启动按钮,将电脑的系统日期改为 6 月 1 日至 9 月 30 日的任一日期。

·将电脑的系统星期设置为周日至周四间任一一天,先将系统时间调为 5:59,并等待 1min,观察 Q1.0 的状态变化;再将系统时间调为 22:29,并等待 1min,观察 Q1.0 的状态变化,同时查看七段数码管显示变化情况。

·将电脑的系统星期设置为周周五或周六,先将系统时间调为 5:59,并等待 1min,观察 Q1.0 的状态变化;再将系统时间调为 22:59,并等待 1min,观察 Q1.0 的状态变化,同时查看七段数码管显示变化情况。

②将电脑的系统日期改为 1 月 1 日至 5 月 30 日或 10 月 1 日至 12 月 31 日的任一日期。

·将电脑的系统星期设置为周日至周四间任一的一天,先将系统时间调为 5:59,并等待 1min,观察 Q1.0 的状态变化;再将系统时间调为 22:29,并等待 1min,观察 Q1.0 的状态变化,同时查看七段数码管显示变化情况。

·将电脑的系统星期设置为周周五或周六,先将系统时间调为 5:59,并等待 1min,观察 Q1.0 的状态变化;再将系统时间调为 22:59,并等待 1min,观察 Q1.0 的状态变化,同时查看七段数码管显示变化情况。

(4)按下停止按钮,观察 Q1.0 状态变化。

(5)如系统无法准确运行,仔细检查系统及接线。

6.想一想

(1)如需增加通电指示功能,程序需如何设计。

(2)如需对程序设定的通断电时间就行手动调整,可用什么指令来加减时间。

(3)如需将程序中显示的"1"、"2"、"3"改为"A"、"B"、"C",需如何调整程序。

7.实验报告要求

(1)画出系统工作流程图。

(2)画出实训中所用的 I/O 分配表、接线图和梯形图。

(3)总结实训中所遇到的问题以及解决方法,并写出实训体会。

任务考核

任务考核(见表10.9)。

表 10.9　任务考核

序号	内容	考核要求	评分标准	配分	扣分	得分
1	电路设计	根据任务： (1) 列出元件信号对照表[PLC 控制 I/O 接口(输入、输出)元件地址分配表] (2) 绘制 PLC 的 I/O 接口接线图 (3) 根据工作要求设计梯形图 (4) 根据梯形图列出指令语句表	(1)输入、输出地址遗漏或搞错,每处扣 1 分 (2)梯形图表达不正确或画法不规范,每处扣 2 分 (3)接线图表达不正确或画法不规范,每处扣 2 分 (4)指令有错,每条扣 2 分	10		
2	安装与接线	(1)按 PLC 控制 I/O 接口(输出、输入)接线图和题目要求,在电工配线板或机架上装接线路 (2)要求操作熟练、正确,元件在设备上布置要均匀、合理,安装要准确、紧固,配线要平直、美观,接线要正确、可靠,整体装接水平要达到正确性、可靠性、工艺性的要求	(1)元件布置不整齐、不匀称、不合理,每处扣 1 分 (2)元件安装不牢固,安装元件时漏装木螺钉,每处扣 1 分 (3)损坏元件,每件扣 2 分 (4)模拟电气线路运行正常,如不按电气原理图接线扣 1 分 (5)布线不平直、不美观,每根扣 0.5 分 (6)接点松动、露铜过长、反圈、压绝缘层,标记线号不清楚、遗漏或误标,引出端无别径压端子,每处扣 0.5 分 (7)损伤导线绝缘或线芯,每根扣 0.5 分 (8)不按 PLC 控制 I/O 口(输入、输出)接线图接线,每处扣 2 分	30		
3	程序输入及调试	(1) 正确地将所编程输入 PLC (2)按照被控设备的动作要求进行模拟调试 (3)互连 PLC 与外接线路板,联调达到设计要求	(1)不会熟练操作 PLC 键盘输入指令扣 2 分 (2)不会用删除、插入、修改等命令扣 2 分 (3)一次试车不成功扣 4 分;二次试车不成功扣 8 分;三次试车不成功扣 10 分 (4)其他功能不全,每处扣 3 分	40		
4	安全文明生产	(1)保护用品穿戴整齐 (2)电工工具佩戴齐全 (3)遵守操作规程 (4)尊重考评员,讲文明礼貌 (5)考试结束要清理现场	(1)违反考核要求,影响安全文明生产,每次倒扣 2~5 分 (2)发现考生有重大事故隐患时,每次扣 5~10 分;严重违规扣 15 分,直至取消考试资格			
备注		合计		100		
	考核教师签字：		年月日			

任务十一　停车场自动计数控制系统设计

任务描述

某停车场现设有 99 个停车位,在停车场进口处设有一停车场信息指示牌,设一盏绿色指示灯,表示"有车位空余";设一盏红色指示灯,表示"车位已满";设有一个停车场车位显示指示 7 段数码管。

在停车场进口和出口处各设有一车辆进出入检测传感器。进口处系统检测到车辆,即打开入口处栏杆,10s 后栏杆自动放下,同时停车位数减 1;出口处系统检测到车辆,即打开出口处栏杆,10s 后栏杆自动放下,同时停车位数增 1。

当停车场内空余停车位数大于 10 时,入口处"有车位空余"指示灯亮,允许车辆入场;当停车位大于 0 且小于 10 时,入口处"有车位空余"指示灯以 10Hz 频率闪烁,提醒驾驶员本停车场停车位将满。当停车位等于 0 时,"车位已满"指示灯亮,禁止车辆入场。当出入口传感器检测到车辆时,出入门栏杆上升并停留 10s 后下降。

图 11.1 为停车场管理控制系统。

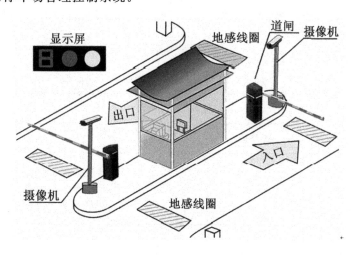

图 11.1　停车场管理控制系统

任务目标

(1)懂得 PLC 控制下的继电器控制系统的基本调试方法。

(2)能根据任务要求控制要求进行 I/O 分配、外围接线图设计、梯形图和指令表编制。

(3)能根据电路图和 PLC 接线图完成主电路和 PLC 控制线路连接。

(4)运用 S7-MicroWIN 软件将梯形图写入 PLC 并完成调试。

预备知识

1.数据传送指令

传送指令主要作用是将常数或某存储器中的数据传送到另一存储器中。它包括单一数据传送及成组数据传送两大类。

(1)数据传送指令(见表 11.1)。

表 11.1   数据传送指令

梯形图	语句表 STL		功能
	操作码	操作数	
MOV-X EN IN OUT	MOV_X	IN,OUT	当使能位 EN 为 1 时,把输入的数据(IN)传送到输出(OUT)

说明:

①操作码中的 X 代表被传送数据的长度,包括 4 种数据长度,即字节(B)、字(W)、双字(D)和实数(R);

②操作数的寻址范围要与指令码中的 X 一致。其中字节传送时不能寻址专用的字及双字存储器,如 T、C、及 HC 等;OUT 寻址不能寻址常数。

(2)块传送指令(见表 11.2)。

表 11.2   块传送指令

梯形图	语句表 STL		功能
	操作码	操作数	
BLK MOV-X EN IN OUT N	BMX	IN,OUT,N	当使能端 EN 为 1 时,把从 IN 存储单元开始的连续的 N 个数据传送到从 OUT 开始的连续的 N 个存储单元中

说明:

①操作码中的 X 表示数据类型,分为字节(B)、字(W)、双字(D)三种;

②操作数 N 指定被传送数据块的长度,可寻址常数,也可寻址存储器的字节地址,不能寻址专用字及双字存储器,如 T、C、及 HC 等,可取范围为 1~255;

③操作数 IN、OUT 不能寻址常数,它们的寻址范围要与指令码中的 X 一致。其中字节块和双字块传送时不能寻址专用的字及双字存储器,如 T、C、及 HC 等。

(3)字节交换指令(见表 11.3)。

表 11.3 字节交换指令

梯形图	语句表 STL		功能
	操作码	操作数	
SWAP EN IN	SWAP	IN	当使能位 EN 为 1 时,将输入字 IN 中的高字节与低字节交换

说明:操作数 IN 不能寻址常数,只能对字地址寻址。

2.算术运算指令

(1)整数运算指令。

①整数、双字整数加/减指令(见表 11.4)。

表 11.4 整数、双字整数加/减指令

梯形图	语句表 STL		功能
	操作码	操作数	
ADD_X EN IN1OUT IN 2　SUB_X EN IN1 OUT IN2	+X −X	IN1,OUT IN1,OUT	当使能位 EN 为 1 时,执行 IN1+IN2 或 IN1 − IN2 操作,并将结果存入 OUT

说明:
①操作码中的 X 指定数据的长度,分别为整数(I)、双字整数(DI)两种。
②操作数的寻址范围要与指令码中的 X 一致。其中双字整数加减指令不能对 T、C 等专用存储器寻址;OUT 不能寻址常数。
③该指令影响特殊内部寄存器位:SM1.0(零),SM1.1(溢出)、M1.2(负)。

②整数、双字整数乘/除指令(见表 11.5)。

表 11.5 整数、双字整数乘/除指令

梯形图	语句表 STL		功能
	操作码	操作数	
MUL_X EN IN1OUT IN 2　DIV_X EN IN1OUT IN2	*X /X	IN1,OUT IN1,OUT	当使能位 EN 为 1 时,执行 IN1 * IN2 或 IN1/IN2 操作,并将结果保存到 OUT,除法运算不保留余数;对语句表指令则执行 IN1 * OUT = OUT 或 OUT/IN1=OUT 的操作

说明:
①操作码中的 X 指定数据长度,分为整数(I)、双字整数(DI)两种情况。
②操作数的寻址范围要与指令码中的 X 一致。OUT 不能寻址常数。
③如果结果大于一个字输出,则设定溢出位。
④该指令影响下列特殊内存位:SM1.0(零),SM1.1(溢出),SM1.2(负),SM1.3(除数为 0)。

③整数乘/除到双字整数指令(如表 11.6)。

表 11.6　整数乘/除到双字整数指令

梯形图	语句表 STL		功能
	操作码	操作数	
MUL EN IN1OUT IN 2	MUL	IN1,OUT	当使能位 EN 为 1 时,把两个 16 位整数相乘,得到一个 32 位积(OUT);对语句表指令则执行 IN1 * OUT=OUT 操作
DIV EN IN1OUT IN2	DIV	IN1,OUT	当使能位 EN 为 1 时,把两个 16 位整数相除,得到 32 位结果(OUT),该结果的低 16 位是商,高 16 位是余数;对语句表指令则执行 OUT/IN1＝OUT 操作

说明:

①IN1 指定乘数(除数),IN2 指定被乘数(被除数),要按字寻址;OUT 按双字寻址,不能寻址常数及专用字、双字存储器 T、C、HC 等。

②该指令影响下列特殊内存位:SM1.0(零),SM1.1(溢出),SM1.3(除数为 0),SM1.2(负)。

④字节、字、双字加 1/减 1 指令(见表 11.7)

表 11.7　字节、字、双字加 1/减 1 指令

梯形图	语句表 STL		功能
	操作码	操作数	
INC_X EN IN OUT　DEC_X EN IN OUT	INCX DECX	OUT OUT	当使能位 EN 为 1 时,INC_X 对输入 IN 执行加 1 操作,DEC_X 对输入 IN 执行减 1 操作

说明:

①操作码中的 X 指定输入数据的长度,有字节(B)、字(W)和双字(DW)三种形式。

②操作数的寻址范围要与指令码中的 X 一致。其中对字节操作时不能寻址专用的字及双字存储器,如 T、C、及 HC 等;对字操作时不能寻址专用的双字存储器 HC;对双字操作时不能寻址专用的字存储器 T、C 等;OUT 不能寻址常数。

③字、双字增减指令是有符号的,影响特殊存储器位 SM1.0 和 SM1.1 的状态;字节增减指令是无符号的,影响特殊存储器位 SM1.0、SM1.1 和 SM1.2 的状态。

(2)实数运算指令

①实数加/减指令(见表 11.8)。

表 11.8　实数加/减指令

梯形图	语句表 STL		功能
	操作码	操作数	
ADD_R EN IN1OUT IN 2　SUB_R EN IN1OUT IN2	＋R －R	IN1,OUT IN1,OUT	当使能位 EN 为 1 时,执行实数 IN1＋IN2 或 IN1－IN2 操作,并将结果保存到 OUT

说明：

①IN1 指定加数（减数），IN2 指定被加数（被减数）。各操作数要按双字寻址，不能寻址专用的字及双字存储器，如 T、C、及 HC 等；OUT 不能寻址常数。

②该指令影响下列特殊内部寄存器位：SM1.0（零），SM1.1（溢出），SM1.2（负）。

②实数乘/除指令（如表 11.9）。

表 11.9　实数乘/除指令

梯形图	语句表 STL		功能
	操作码	操作数	
MUL_R　DIV_R EN　　　EN IN1OUT　IN1OUT IN2　　　IN2	＊R /R	IN1,OUT IN1,OUT	当使能位 EN 为 1 时，执行实数 IN1＊IN2 或 IN1/IN2 运算，并将结果保存到 OUT

说明：

①IN1 指定乘数（除数），IN2 指定被乘数（被除数）。各操作数要按双字寻址，不能寻址专用的字及双字存储器，如 T、C、及 HC 等；OUT 不能寻址常数。

②该指令影响下列特殊内存位：SM1.0（零）；SM1.1（溢出或操作过程中生成非法数值或发现非法输入参数）；SM1.2（负）；SM1.3（除数为 0）。

任务实施

1.列出系统的 I/O 分配表

列出系统的 I/O 分配表（见表 11.10）。

表 11.10　系统的 I/O 分配表

输入信号		输出信号	
名称	PLC 地址	名称	PLC 地址
出门检测传感器	I0.0	7 段数码管 a 段	Q0.0
进门检测传感器	I0.1	7 段数码管 b 段	Q0.1
启动按钮	I0.3	7 段数码管 c 段	Q0.2
停止按钮	I0.4	7 段数码管 d 段	Q0.3
		7 段数码管 e 段	Q0.4
		7 段数码管 f 段	Q0.5
		7 段数码管 g 段	Q0.6
		允许停车绿灯	Q0.7
		车位已满红灯	Q1.0

（续表）

输入信号		输出信号	
名称	PLC 地址	名称	PLC 地址
		进门栏杆接触器	Q1.1
		出门栏杆接触器	Q1.2

2. PLC 外部接线图

PLC 外部接线图,如图 11.2 所示。

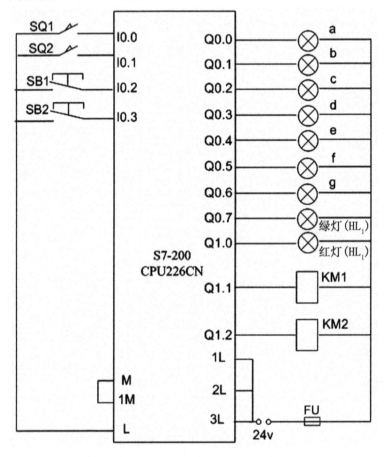

图 11.2　PLC 停车场控制线路外部接线图

3. 参考梯形图

参考梯形图,如图 11.3 所示。

网络 1

```
  I0.3    I0.4    M0.0
 ──┤├──┬──┤/├──────( )──
        │
  M0.0  │
 ──┤├───┘
```

网络 2

```
  M0.0           MOV_W
 ──┤├──┤P├──────┤EN  ENO├──┤
                │         │
             99─┤IN  OUT ├─VW0
```

网络 3

```
  I0.0         VW0    M0.0          INC_W
 ──┤├──┤P├───┤<I├────┤├─────────┤EN  ENO├──┤
              99                 │         │
                            VW0─┤IN  OUT ├─VW0
```

网络 4

```
  I0.1         VW0    M0.0          DEC_W
 ──┤├──┤P├───┤>I├────┤├─────────┤EN  ENO├──┤
              0                  │         │
                            VW0─┤IN  OUT ├─VW0
```

网络 5

```
  M0.0           DIV
 ──┤├──────────┤EN  ENO├──┤
               │         │
           VW0─┤IN1 OUT ├─VD10
            10─┤IN2      │
```

网络 6

```
  M0.0   VW0   T39          SEG
 ──┤├───┤>I├──┤├──────────┤EN  ENO├──┤
         9                 │         │
                      VB13─┤IN  OUT ├─QB0

         T40   Q0.0
        ──┤├──( R )
                8
```

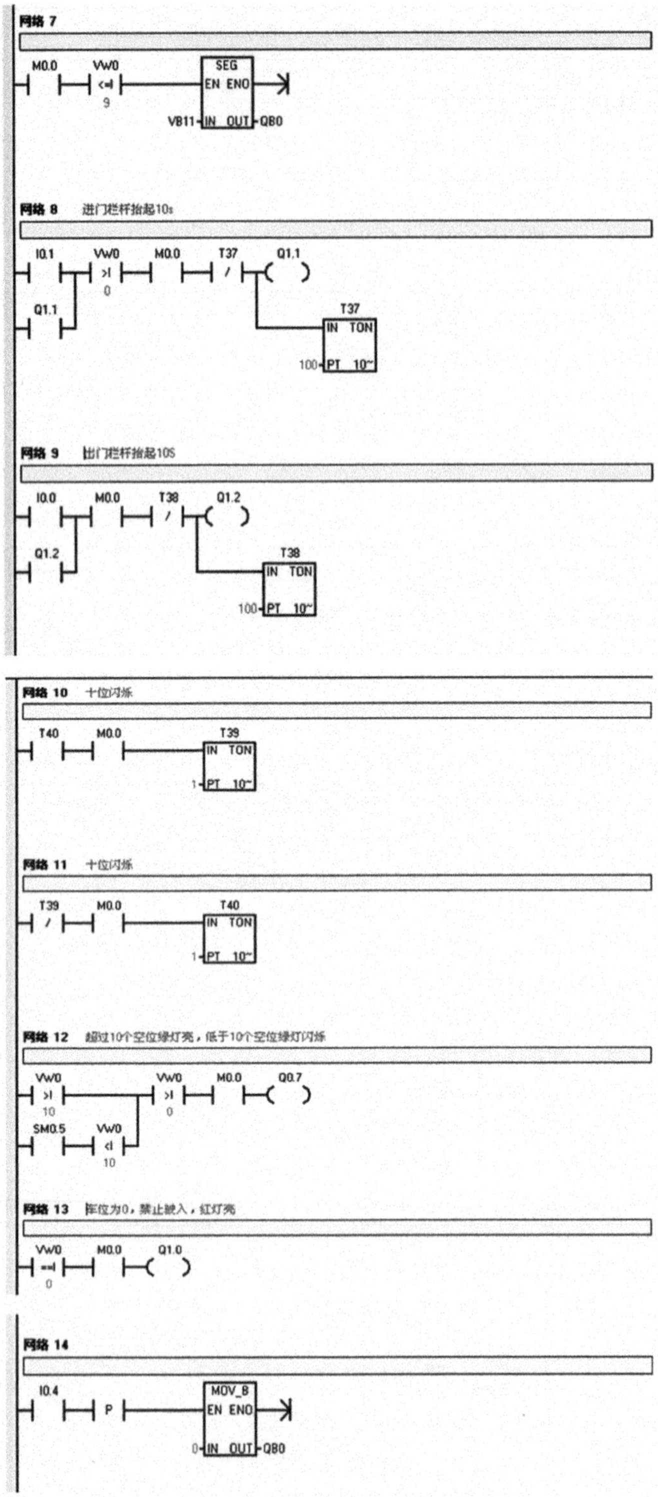

网络 7

```
  M0.0    VW0         SEG
 ─┤ ├──┤<=├─────────┤EN ENO├─
          9
                   VB11─┤IN OUT├─QB0
```

网络 8　进门栏杆抬起10s

```
  I0.1    VW0    M0.0    T37    Q1.1
 ─┤ ├──┤>├──┤ ├──┤/├───( )─
          0
  Q1.1                         T37
 ─┤ ├                        ┤IN TON├
                          100─┤PT  10~├
```

网络 9　出门栏杆抬起10S

```
  I0.0    M0.0    T38    Q1.2
 ─┤ ├──┤ ├──┤/├───( )─
  Q1.2                   T38
 ─┤ ├                  ┤IN TON├
                    100─┤PT  10~├
```

网络 10　十位闪烁

```
  T40    M0.0          T39
 ─┤ ├──┤ ├──────────┤IN TON├
                      1─┤PT  10~├
```

网络 11　十位闪烁

```
  T39    M0.0          T40
 ─┤/├──┤ ├──────────┤IN TON├
                      1─┤PT  10~├
```

网络 12　超过10个空位绿灯亮，低于10个空位绿灯闪烁

```
  VW0          VW0    M0.0    Q0.7
 ─┤>├────┬──┤>├──┤ ├───( )─
   10    │    0
  SM0.5  VW0
 ─┤ ├──┤<├─┘
         10
```

网络 13　车位为0，禁止驶入，红灯亮

```
  VW0    M0.0    Q1.0
 ─┤==├──┤ ├──( )─
   0
```

网络 14

```
  I0.4         MOV_B
 ─┤ ├──┤P├──┤EN ENO├─
              0─┤IN OUT├─QB0
```

图 11.3　参考梯形图

4. 指令表

指令表(见表 11.11)。

表 11.11　指令表

步序号	助记符	操作数	步序号	助记符	操作数
0	LD	I0.3	31	LD	I0.1
1	O	M0.0	32	O	Q1.1
2	AN	I0.4	33	AW>	VW0,0
3	=	M0.0	34	A	M0.0
4	LD	M0.0	35	AN	T37
5	EU		36	=	Q1.1
6	MOVW	99,VW0	37	TON	T37,100
7	LD	I0.0	38	LD	I0.0
8	EU		39	O	Q1.2
9	AW<	VW0,99	40	A	M0.0
10	A	M0.0	41	AN	T38
11	INCW	VW0	42	=	Q1.2
12	LD	I0.1	43	TON	T38,100
13	EU		44	LD	T40
14	AW>	VW0,0	45	A	M0.0
15	A	M0.0	46	TON	T39,1
16	DECW	VW0	47	LDN	T39
17	LD	M0.0	48	A	M0.0
18	MOVW	VW0,VW12	49	TON	T40,1
19	DIV	10,VD10	50	LDW>	VW0,10
20	LD	M0.0	51	LD	SM0.5
21	AW>	VW0,9	52	AW<	VW0,10
22	LPS		53	OLD	
23	A	T39	54	AW>	VW0,0
24	SEG	VB13,QB0	55	A	M0.0
25	LPP		56	=	Q0.7
26	A	T40	57	LDW=	VW0,0
27	R	Q0.0,8	58	A	M0.0
28	LD	M0.0	59	=	Q1.0
29	AW<=	VW0,9	60	LD	I0.4
30	SEG	VB11,QB0	61	EU	
			62	MOVB	0,QB0

5. 实践操作并观察现象

(1)按图 11.6 所示接线图完成电路连接。

(2)在电脑桌面打开 S7-Micro/WIN 编程软件,并按图 11.7 所示梯形图输入。

(3)将编译好的程序写入 PLC,并按如下步骤进行调试:

①按下启动按钮 SB1,同时切换七段数码管个十位切换开关 I0.2,观察输出点七段数码管显示数值个位数是否为 9,十位数是否为 9,且该数能否闪烁,同时查看允许停车指示灯 Q0.7 和车位已满指示灯 Q1.0 的显示情况。

②按进车检测开关 SQ1,查看进门栏杆接触 Q1.1 能否得电 10S,同时通过切换 I0.2,查看停车位是否有相应变化。

③按出车检测开关 SQ2,查看出门栏杆接触 Q1.2 能否得电 10S,同时通过切换 I0.2,查看停车位是否有相应变化。

④通过按出车检测开关 SQ1,将车库内车位减少到 10 个以下,同时查看"有车位空余"指示灯 Q0.7 是否闪烁,当空停车位减少到 0 时看允许停车指示灯 Q0.7 和"车位已满"指示灯 Q1.0 的显示情况。

⑤停车场内空车位为 0 时,按进车检测开关 SQ2,查看进门栏杆接触 Q1.1 能否得电 10S。

⑥任一时刻按停止按钮 SB2,按相应按钮调试进出停车场栏杆是否能抬起,七段数码管是否有显示。

(4)如系统无法准确运行,仔细检查系统及接线。

6. 想一想

(1)当前程序默认接触器得电进出门栏杆抬起,失电即认为出门栏杆放下,为确保安全如需通过电机来控制出门栏杆放下(即认为电机正转为栏杆抬起,电机反转为出门栏杆放下);程序需如何设计。

(2)当前程序在检测到有进出车辆时,进出栏杆将收起 10s 后自动放下,存在一定的安全隐患,如车子未能在 10s 内通过进出门栏杆,进出门栏杆放下后很可能砸坏车子,请仔细考虑解决该问题。

(3)如需增加通电指示功能,程序需如何设计。

7. 实验报告要求

(1)画出系统工作流程图。

(2)画出实训中所用的 I/O 分配表、接线图和梯形图。

(3)总结实训中所遇到的问题以及解决方法,并写出实训体会。

任务考核

任务考核(见表11.12)。

表 11.12　任务考核

序号	内容	考核要求	评分标准	配分	扣分	得分
1	电路设计	根据任务: (1)列出元件信号对照表[PLC控制I/O接口(输入、输出)元件地址分配表] (2)绘制PLC的I/O接口接线图 (3)根据工作要求设计梯形图 (4).根据梯形图列出指令语句表	(1)输入、输出地址遗漏或搞错,每处扣1分 (2)梯形图表达不正确或画法不规范,每处扣2分 (3)接线图表达不正确或画法不规范,每处扣2分 (4)指令有错,每条扣2分	10		
2	安装与接线	(1)按PLC控制I/O接口(输出、输入)接线图和题目要求,在电工配线板或机架上装接线路 (2)要求操作熟练、正确,元件在设备上布置要均匀、合理,安装要准确、紧固,配线要平直、美观,接线要正确、可靠,整体装接水平要达到正确性、可靠性、工艺性的要求	(1)元件布置不整齐、不匀称、不合理,每处扣1分 (2)元件安装不牢固,安装元件时漏装木螺钉,每处扣1分 (3)损坏元件,每件扣2分 (4)模拟电气线路运行正常,如不按电气原理图接线扣1分 (5)布线不平直、不美观,每根扣0.5分 (6)接点松动、露铜过长、反圈、压绝缘层,标记线号不清楚、遗漏或误标,引出端无别径压端子,每处扣0.5分 (7)损伤导线绝缘或线芯,每根扣0.5分 (8)不按PLC控制I/O口(输入、输出)接线图接线,每处扣2分	30		
3	程序输入及调试	(1)正确地将所编程输入PLC (2)按照被控设备的动作要求进行模拟调试 (3)互连PLC与外接线路板,联调达到设计要求	(1)不会熟练操作PLC键盘输入指令扣2分 (2)不会用删除、插入、修改等命令扣2分 (3)一次试车不成功扣4分;二次试车不成功扣8分;三次试车不成功扣10分 (4)其他功能不全,每处扣3分	40		
4	安全文明生产	(1)保护用品穿戴整齐 (2)电工工具佩戴齐全 (3)遵守操作规程 (4)尊重考评员,讲文明礼貌 (5)考试结束要清理现场	(1)违反考核要求,影响安全文明生产,每次倒扣2~5分 (2)发现考生有重大事故隐患时,每次5~10分;严重违规扣15分,直至取消考试资格			
备注		考核教师签字:	合计	100		
				年月日		

任务十二　PLC 控制自动上料系统

任务描述

　　某拉链企业铸造车间内设有三台拉链头生产设备,每台生产设备上设有一原料池,用以存放铸造拉链头所用的铝液,当原料池内的铝液缺少时,需由人工用料斗,将原料从车间蓄料池运送到原料池,工作条件极为艰苦,企业招工困难。为有效解决企业难题,企业要求用现代技术替代人工,要求用 PLC 设计一自动上料系统。自动上料系统如图 12.1 所示,系统设有一蓄料池,蓄料池上方导轨处设有 1 原位行程开关 SQ1,另设有一下限位行程开关 SQ2;装卸料料斗设有三台电机,电机 M1 用以控制料斗的装料和卸料,电机 M2 用以控制料斗的上升和下降,电机 M3 用以控制料斗在导轨上的左行和右行;1 号台原料池设有一液位传感器 SQ9,用以检查 1 号台是否缺液,1 号台上方还分别设有一下限位行程开关 SQ4 和上限位行程开关 SQ3,用以控制料斗的上下行;2 号台原料池设有一液位传感器 SQ10,用以检查 2 号台是否缺液,2 号台上方还分别设有一下限位行程开关 SQ6 和上限位行程开关 SQ5,用以控制料斗的上下行;3 号台原料池设有一液位传感器 SQ11,用以检查 3 号台是否缺液,3 号台上方还分别设有一下限位行程开关 SQ8 和上限位行程开关 SQ7,用以控制料斗的上下行。具体控制任务要求如下:

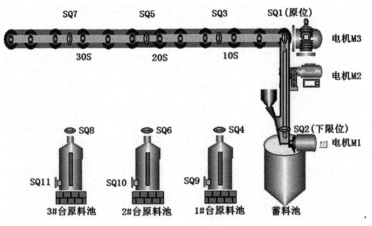

图 12.1　自动上料控制系统

任务要求

(1)3 台拉链头生产设备中的任——台设备原料池铝液缺少时(即 SQ9、SQ10 或 SQ11 得电),如装料设备在原位 SQ1 时系统自动启动,料斗下降,碰到蓄料池行程开关 SQ2 后,料斗停止下降,料斗开始装料,5s 后装料完成,料斗上升,碰到行程开关 SQ1 后,料斗电机左行,如是第一台设备缺料,10s 料斗停止左行,如是第 2 台设备缺料,20s 后料斗停止左行,如是第 3 台设备缺料,30s 后料斗停止左行,料斗下降,碰到各设备相对应的下限位行程开关后卸料,5s 后卸料完成,料斗上升,碰到各设备相对应的上限位行程开关后,料头停止上行,开始右行,碰到原位行程开关 SQ1 时,料斗停止,在原位等待下一次加料指令。

(2)有必要的电气保护和联锁。

(3)为确保安全,运料小车应必须在原位才能启动运行。

任务目标

(1)懂得使用 PLC 控制系统的基本调试方法。
(2)能根据任务要求进行 I/O 分配、外围接线图设计、梯形图和指令表编制。
(3)能根据电路图和 PLC 接线图完成主电路和 PLC 控制线路连接。
(4)运用 S7-MicroWIN 软件将梯形图写入 PLC 并完成调试。

任务实施

1. 列出系统的 I/O 分配表

列出系统的 I/O 分配表(见表 12.1)。

表 12.1　系统的 I/O 分配表

输入信号		输出信号	
名称	PLC 地址	名称	PLC 地址
启动按钮 SB1	I0.0	装料漏斗下降接触器 KM1	Q0.0
停止按钮 SB2	I0.1	装料漏斗上升接触器 KM2	Q0.1
1 号机液位传感器 SQ9	I0.2	电机装料接触器 KM3	Q0.2
2 号机液位传感器 SQ10	I0.3	电机卸料接触器 KM4	Q0.3
3 号机液位传感器 SQ11	I0.4	电机左移接触器 KM5	Q0.4
行程开关 SQ1(原位)	I1.0	电机右移接触器 KM6	Q0.5
蓄料池行程开关 SQ2	I1.1		
1 号机上限位行程开关 SQ3	I1.2		

（续表）

输入信号		输出信号	
名称	PLC 地址	名称	PLC 地址
1 号机下限位行程开关 SQ4	I1.3		
2 号机上限位行程开关 SQ5	I1.4		
2 号机下限位行程开关 SQ6	I1.5		
3 号机上限位行程开关 SQ7	I1.6		
3 号机下限位行程开关 SQ8	I1.7		

2. PLC 外部接线图

PLC 外部接线图，如图 12.2 所示。

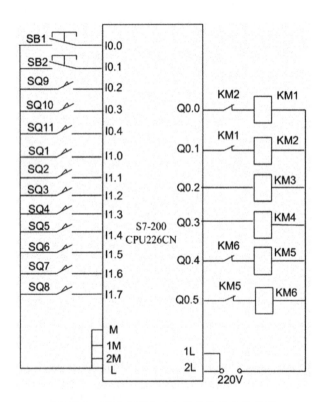

图 12.2　PLC 控制自动上料系统外部接线图

3. 参考梯形图

参考梯形图,如图 12.3 所示。

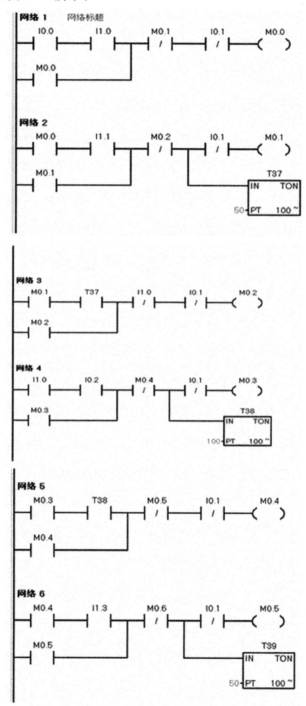

网络 7

```
   M0.5      T39      I1.2      I0.1      M0.6
───┤ ├──────┤ ├───┬──┤/├───────┤/├──────( )
                   │
   M0.6            │
───┤ ├─────────────┘
```

网络 8

```
   I1.0      I0.3      M1.1      I0.1      M1.0
───┤ ├──────┤ ├───┬──┤/├───┬───┤/├──────( )
                   │        │
   M1.0            │        │         ┌──────────┐
───┤ ├─────────────┘        └─────────┤IN    TON │
                                      │     T40  │
                                 200──┤PT   100 ~│
                                      └──────────┘
```

网络 9

```
   M1.0      T40      M1.2      I0.1      M1.1
───┤ ├──────┤ ├───┬──┤/├───────┤/├──────( )
                   │
   M1.1            │
───┤ ├─────────────┘
```

网络 10

```
   M1.1      I1.5      M1.3      I0.1      M1.2
───┤ ├──────┤ ├───┬──┤/├───┬───┤/├──────( )
                   │        │
   M1.2            │        │         ┌──────────┐
───┤ ├─────────────┘        └─────────┤IN    TON │
                                      │     T41  │
                                  50──┤PT   100 ~│
                                      └──────────┘
```

网络 11

```
   M1.2      T41      I1.4      I0.1      M1.3
───┤ ├──────┤ ├───┬──┤/├───────┤/├──────( )
                   │
   M1.3            │
───┤ ├─────────────┘
```

网络 12

```
   I1.0      I0.4      M1.5      I0.1      M1.4
───┤ ├──────┤ ├───┬──┤/├───┬───┤/├──────( )
                   │        │
   M1.4            │        │         ┌──────────┐
───┤ ├─────────────┘        └─────────┤IN    TON │
                                      │     T42  │
                                 300──┤PT   100 ~│
                                      └──────────┘
```

网络 13

```
M1.4      T42       M1.6      I0.1      M1.5
├─┤ ├─────┤ ├───┬──┤/├──────┤/├───────( )
│                │
│  M1.5          │
├─┤ ├───────────┘
```

网络 14

```
M1.5   ┌─ I1.7 ─┐   M1.7      I0.1      M1.6
├─┤ ├──┤  ┤ ├   ├───┤/├───┬──┤/├───────( )
│      │        │         │
│  M1.6│        │         │        T43
├─┤ ├──┴────────┘         └──────┤IN   TON│
│                                │        │
                            50─┤PT   100 ~│
```

网络 15

```
M1.6      T43       I1.6      I0.1      M1.7
├─┤ ├─────┤ ├───┬──┤/├──────┤/├───────( )
│                │
│  M1.7          │
├─┤ ├───────────┘
```

网络 16

```
I1.2      M0.7
├─┤ ├───┬──( )
│       │
│  I1.4 │
├─┤ ├───┤
│       │
│  I1.6 │
├─┤ ├───┘
```

网络 17

```
M0.0      Q0.0
├─┤ ├───┬──( )
│       │
│  M0.4 │
├─┤ ├───┤
│       │
│  M1.1 │
├─┤ ├───┤
│       │
│  M1.5 │
├─┤ ├───┘
```

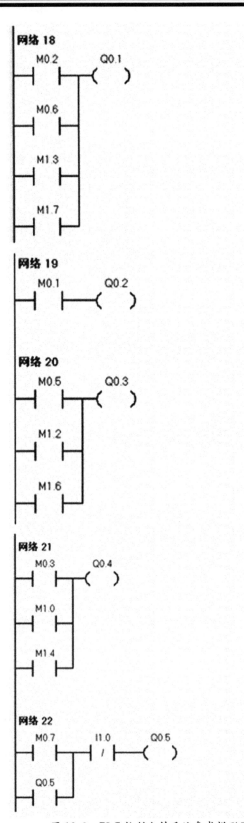

图 12.3 PLC 控制上料系统参考梯形图

4. 指令表

指令表(见表 12.2)。

表 12.2 指令表

序号	操作码	操作数	序号	操作码	操作数
0	LD	I0.0	29	TON	T38,100
1	A	I1.0	30	LD	M0.3
2	O	M0.0	31	A	T38
3	AN	M0.1	32	O	M0.4
4	AN	I0.1	33	AN	M0.5
5	=	M0.0	35	AN	I0.1
6	LD	M0.0	36	=	M0.4
7	A	I1.1	37	LD	M0.4
8	O	M0.1	38	A	I1.3
9	AN	M0.2	39	O	M0.5
10	LPS		40	AN	M0.6
11	AN	I0.1	41	LPS	
12	=	M0.1	42	AN	I0.1
13	LPP		43	=	M0.5
14	TON	T37,50	44	LPP	
15	LD	M0.1	45	TON	T39,50
16	A	T37	46	LD	M0.5
17	O	M0.2	47	A	T39
18	AN	I1.0	48	O	M0.6
19	AN	I0.1	49	AN	I1.2
20	=	M0.2	50	AN	I0.1
21	LD	I1.0	51	=	M0.6
22	A	I0.2	52	LD	I1.0
23	O	M0.3	53	A	I0.3
24	AN	M0.4	54	O	M1.0
25	LPS		55	AN	M1.1
26	AN	I0.1	56	LPS	
27	=	M0.3	57	AN	I0.1
28	LPP		58	=	M1.0

（续表）

序号	操作码	操作数	序号	操作码	操作数
59	LPP		91	LD	M1.4
60	TON	T40,200	92	A	T42
61	LD	M1.0	93	O	M1.5
62	A	T40	94	AN	M1.6
63	O	M1.1	95	AN	I0.1
64	AN	M1.2	96	=	M1.5
65	AN	I0.1	97	LD	M1.5
66	=	M1.1	98	A	I1.7
67	LD	M1.1	99	O	M1.6
68	A	I1.5	100	AN	M1.7
69	O	M1.2	101	LPS	
70	AN	M1.3	102	AN	I0.1
71	LPS		103	=	M1.6
72	AN	I0.1	104	LPP	
73	=	M1.2	105	TON	T43,50
74	LPP		106	LD	M1.6
75	TON	T41,50	107	A	T43
76	LD	M1.2	108	O	M1.7
77	A	T41	109	AN	I1.6
78	O	M1.3	110	AN	I0.1
79	AN	I1.4	111	=	M1.7
80	AN	I0.1	112	LD	I1.2
81	=	M1.3	113	O	I1.4
82	LD	I1.0	114	O	I1.6
83	A	I0.4	115	=	M0.7
84	O	M1.4	116	LD	M0.0
85	AN	M1.5	117	O	M0.4
86	LPS		118	O	M1.1
87	AN	I0.1	119	O	M1.5
88	=	M1.4	120	=	Q0.0
89	LPP		121	LD	M0.2
90	TON	T42,300	122	O	M0.6

（续表）

序号	操作码	操作数	序号	操作码	操作数
123	O	M1.3	132	LD	M0.3
124	O	M1.7	133	O	M1.0
125	=	Q0.1	134	O	M1.4
126	LD	M0.1	135	=	Q0.4
127	=	Q0.2	136	LD	M0.7
128	LD	M0.5	137	O	Q0.5
129	O	M1.2	138	AN	I1.0
130	O	M1.6	139	=	Q0.5
131	=	Q0.3			

5. 实践操作并观察现象

(1)按图 12.2 所示接线图完成电路连接。

(2)将图 12.3 所示参考梯形图输入 PLC。

(3)按下 SB1 启动系统,如料斗不在原位(即 SQ1 不得电),查看系统是否运行。

(4)料斗在原位(即 SQ1 得电),按下 SB1 启动系统,1 号台原料池缺液(即液位传感器 SQ9 得电),观察 Q0.0 得电情况;碰到 SQ2 后,观察 Q0.0、Q0.2 及定时器状态变化;5s 后,料斗上升,观察 Q0.1、Q0.2 及定时器状态变化;碰到 SQ1 后,料斗左行,观察 Q0.1、Q0.4 及定时器状态变化;10s 后,料斗停止左行,开始下降,观察 Q0.0、Q0.4 状态变化;碰到下限位开关 SQ4 后,料斗停止下降,开始下料,观察 Q0.0、Q0.3 及定时器状态变化;5s 后完成下料,料斗上升,观察 Q0.1 及 Q0.3 状态变化;碰到上限位开关 SQ3 后,小车右行,观察 Q0.1 及 Q0.5 状态变化;碰到原位开关 SQ1 后,料斗停止运行。

(5)系统已启动,料斗在原位(即 SQ1 得电),2 号台原料池缺液(即液位传感器 SQ10 得电),观察 Q0.0 得电情况;碰到 SQ2 后,观察 Q0.0、Q0.2 及定时器状态变化;5s 后,料斗上升,观察 Q0.1、Q0.2 及定时器状态变化;碰到 SQ1 后,料斗左行,观察 Q0.1、Q0.4 及定时器状态变化;10s 后,料斗停止左行,开始下降,观察 Q0.0、Q0.4 状态变化;碰到下限位开关 SQ6 后,料斗停止下降,开始下料,观察 Q0.0、Q0.3 及定时器状态变化;5S 后完成下料,料斗上升,观察 Q0.1 及 Q0.3 状态变化;碰到上限位开关 SQ5 后,小车右行,观察 Q0.1 及 Q0.5 状态变化;碰到原位开关 SQ1 后,料斗停止运行。

(6)系统已启动,料斗在原位(即 SQ1 得电),3 号台原料池缺液(即液位传感器 SQ11 得电),观察 Q0.0 得电情况;碰到 SQ2 后,观察 Q0.0、Q0.2 及定时器状态变化;5s 后,料斗上升,观察 Q0.1、Q0.2 及定时器状态变化;碰到 SQ1 后,料斗左行,观察 Q0.1、Q0.4 及定时器状态变化;10s 后,料斗停止左行,开始下降,观察 Q0.0、Q0.4 状态变化;碰到下限位开关 SQ8 后,料斗停止下降,开始下料,观察 Q0.0、Q0.3 及定时器状态变化;5s 后完成下料,料斗上升,观察 Q0.1 及 Q0.3 状态变化;碰到上限位开关 SQ7 后,小车右行,观察 Q0.1 及 Q0.5 状态变化;碰到原位开关 SQ1 后,料斗停止运行。

(7)按下 SB2 系统停止运行。

(8)如系统无法准确运行,仔细检查系统及接线。

6.想一想

(1)如需增加工作指示功能,程序需如何设计。

(2)如有四台拉链头生产设备,程序需如何设计。

(3)每台设备需增加一个缺料指示灯,程序需如何设计。

7.实验报告要求

(1)画出系统工作流程图。

(2)画出实训中所用的 I/O 分配表、接线图和梯形图。

(3)总结实训中所遇到的问题以及解决方法,并写出实训体会。

任务考核

任务考核(见表 12.3)。

表 12.3　任务考核

序号	内容	考核要求	评分标准	配分	扣分	得分
1	电路设计	根据任务: (1)列出元件信号对照表[PLC 控制 I/O 接口(输入、输出)元件地址分配表] (2)绘制 PLC 的 I/O 接口接线图 (3)根据工作要求设计梯形图 (4)根据梯形图列出指令语句表	(1)输入、输出地址遗漏或搞错,每处扣 1 分 (2)梯形图表达不正确或画法不规范,每处扣 2 分 (3)接线图表达不正确或画法不规范,每处扣 2 分 (4)指令有错,每条扣 2 分	10		
2	安装与接线	(1)按 PLC 控制 I/O 接口(输出、输入)接线图和题目要求,在电工配线板或机架上装接线路 (2)要求操作熟练、正确,元件在设备上布置要均匀、合理,安装要准确、紧固,配线要平直、美观,接线要正确、可靠,整体装接水平要达到正确性、可靠性、工艺性的要求	(1)元件布置不整齐、不匀称、不合理,每处扣 1 分 (2)元件安装不牢固,安装元件时漏装木螺钉,每处扣 1 分 (3)损坏元件,每件扣 2 分 (4)模拟电气线路运行正常,如不按电气原理图接线扣 1 分 (5)布线不平直、不美观,每根扣 0.5 分 (6)接点松动、露铜过长、反圈、压绝缘层,标记线号不清楚、遗漏或误标,引出端无别径压端子,每处扣 0.5 分 (7)损伤导线绝缘或线芯,每根扣 0.5 分 (8)不按 PLC 控制 I/O 口(输入、输出)接线图接线,每处扣 2 分	30		

（续表）

序号	内容	考核要求	评分标准	配分	扣分	得分
3	程序输入及调试	（1）正确地将所编程输入 PLC （2）按照被控设备的动作要求进行模拟调试 （3）互连 PLC 与外接线路板，联调达到设计要求	（1）不会熟练操作 PLC 键盘输入指令扣 2 分 （2）不会用删除、插入、修改等命令扣 2 分 （3）一次试车不成功扣 4 分；二次试车不成功扣 8 分；三次试车不成功扣 10 分 （4）其他功能不全，每处扣 3 分	40		
4	安全文明生产	（1）保护用品穿戴整齐 （2）电工工具佩戴齐全 （3）遵守操作规程 （4）尊重考评员，讲文明礼貌 （5）考试结束要清理现场	（1）违反考核要求，影响安全文明生产，每次倒扣 2～5 分 （2）发现考生有重大事故隐患时，每次扣 5～10 分；严重违规扣 15 分，直至取消考试资格			
备注			合计	100		
	考核教师签字：			年月日		

　　按下启动按钮 SB1 和原位行程开关 SQ1，机械臂下降，碰到行程开关 SQ2 后停止下降，装油电机开始装油，5s 后装油结束，机械臂上升，碰到行程开关 SQ1 后停止。

　　（1）按下原位行程开关 SQ1 和 1 号线按钮 SB3，机械臂左移 10s，到达位置后机械臂下降，碰触到行程开关 SQ4 后停止下降，装油电机开始卸油，5s 后卸油结束，机械臂上升，碰到行程开关 SQ3 后停止上升，机械臂右移，碰触到原位行程开关后停止。

　　（2）按下原位行程开关 SQ1 和 2 号线按钮 SB4，机械臂左移 20s，到达位置后机械臂下降，碰触到行程开关 SQ6 后停止下降，装油电机开始卸油，5s 后卸油结束，机械臂上升，碰到行程开关 SQ5 后停止上升，机械臂右移，碰触到原位行程开关后停止。

　　（3）按下原位行程开关 SQ1 和 3 号线按钮 SB5，机械臂左移 30s，到达位置后机械臂下降，碰触到行程开关 SQ8 后停止下降，装油电机开始卸油，5s 后卸油结束，机械臂上升，碰到行程开关 SQ7 后停止上升，机械臂右移，碰触到原位行程开关后停止。

任务十三　两台 S7-200 的 PPI 通信

任务描述

本任务主要介绍两台 S7-200 通过 PPI 通信,如图 13.1 所示。该任务为通信演示实验性任务,要求主机中的 I0.0,I0.1 控制从机中的 Q0.3,Q0.5,实现正反转点动控制,从机中的 I0.4,I0.6 控制主机中的 Q0.0,Q0.2,Q0.3,实现星三角控制。要求能够对应的 I/O 分配表,外围接线图,梯形图,指令表等内容。并在这个中了解西门子 PLC 的通信相关种类,以及 PPI 通信方式的硬件连接、软件设置与编程实现等内容。

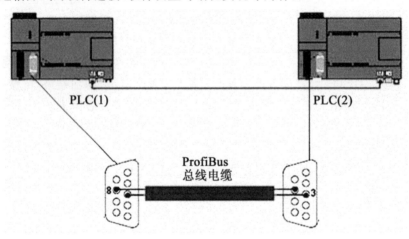

图 13.1　两台 S7-200 的 PPI 通信

任务目标

(1)学习和了解西门子 PLC 的通信方式。

(2)了解 PPI 通信方式的连接方式以及软件设置。

(3)熟悉 PPI 通信设置以及主、从站程序编写。

(4)结合任务要求进行系统调试、功能检测。

预备知识

1. S7-200 的通信方式

西门子 PLCS2-200 之间通信方式可以有自由口、PPI 方式、MPI 方式、Pfofibus 方式、前面几种均为 1∶1 或 1∶N 的通信方式，而 Pfofibus 总线方式是最为简洁的总线配置方式。

PPI 协议是专门为 S7-200 开发的通信协议。S7-200CPU 的通信口（Port0、Port1）支持 PPI 的通信协议，S7-200 的一些通信模块也支持 PPI 协议。Micro/WIN 与 CPU 进行编程通信也通过 PPI 协议。S7-200CPU 的 PPI 网络通信是建立在 RS-485 网络的硬件基础上，因此其连接属性和需要的网络硬件设备是与其他 RS-485 网络一致的。S7-200CPU 之间的 PPI 网络通信只需要两条简单的指令，它们是网络读（NetR）和网络写（NetW）指令。在网络读写通信中，只有主站需要调用 NetR/NetW 指令，从站只需编程处理数据缓冲区（取用或准备数据）。

2. 实现 PPI 网络读写通信两种方法

（1）使用 NetR/NetW 指令编程实现。每条网络读写指令最多能够读或者写 16 个字节的数据，每台 CPU 内最多只能有 8 条网络读写指令同时激活，而对于网络读写指令的总数目可以不受限制。网络读写指令只能在主站才能使用。在默认情况下，S7-200PLC 的通信设置为从站模式，在实际编程使用中需要先通过 SMB30，将其设置为主站模式。在实际的 PPI 网络中，一般而言，主站个数不能超过 32 个，而从站个数可以不受限制。主站可以读写从站的数据，也可以读写主站的数据，在这个角度来说，作为主站的 PLC，也可以接受其他主站的数据处理请求。

在实际读写网络的操作中，由于串行通信的原因，接收和发送数据过程不能很好地和 PLC 程序扫描过程协调配合，所有的通信过程均需要 PLC 内部操作系统的管理和协调，网络读写指令可以主动向操作系统发出需要通信处理的请求，因此，网络读写指令要通过通信缓冲区域的方式实现数据处理，借助操作系统实现通信与 PLC 用户应用程序之间的信息交换和处理。

网络读写指令（NetR/NetW）的数据缓冲区除了纯数据字节之外，还包括状态字节和地址、数据长度，而实际从站只是接收纯数据字节。在网络读写指令中可以操作的数据包括 M 存储区、V 存储区、I/Q 区域。

网络读写指令编程可以有以几步：写控制字 SMB30（或 SMB130）将 PLC 通信口设置为 PPI 主站模式；装入从站（通信对象）地址；装入远程站相应的数据缓冲区，包括读入的和写出的地址；规划本地和远程通信站的数据缓冲区；装入数据字节数；执行 NetR/NetW 指令。实际使用中往往设置一定时间的定时器，有间隔地进行网络指令读写操作。注意各 CPU 的通信口地址在当前项目的系统块中设置，下载之后起作用。在 NetR/NetW 指令的运用过程中，往往出现读写通信不正常的情况，除了硬件问题外，往往还要注意用户程序中网络指令的读写方式。

(2)使用 S7-200Micro/WIN 中的指令向导中的 NETR/NETW 向导。定时操作使用 NetR/NetW,由于串行通信的问题,对于通信何时结束,无法判断,而且在网络指令的运用中,有数量限制,即不能超过 8 次,因此如果需要可靠运行,必须加上适当的状态判断条件。实际中使用 Micro/WIN 中的 NetR/NetWWizard(网络读写指令向导)较为常见,且简单可靠。NetR/NetW 向导可以编辑达到 24 条网络读写指令,采用顺序控制的思路,任一时刻只有一条 NetR/NetW 指令有效。

在 PPI 通信中做主站的 CPU 用 NETR/NETW 向导编程,而从站中不需要。

①在编程软件命令菜单中选择工具——指令向导。选择 NETR/NETW 指令,如图 13.2 所示。

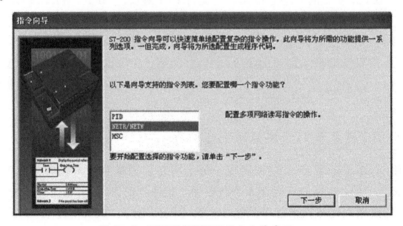

图 13.2　NETR/NETW 指令向导步骤一

②定义用户所需网络配置读/写操作的数目。在本项目中设置为 2 即可,如图 13.3 所示。

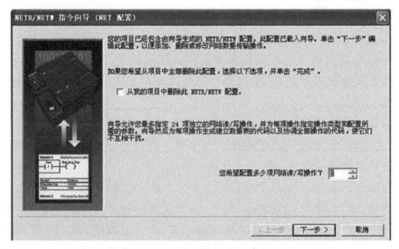

图 13.3　选择网络读写指令条数

向导允许用户最多配置 24 个网络操作,程序会自动调配这些通信操作。

③定义通信口和子程序名。选择应用哪个通信口进行 PPI 通信:port0 或 port1。注

意:一旦定义选择了通信口,则向导中所有网络操作都将通过该口通信,即通过向导定义的网络操作,只能一直使用一个口与其他 CPU 进行通信。向导为子程序定义了一个缺省名,也可以修改这个缺省名,如图 13.4 所示。

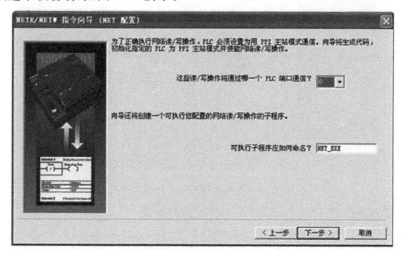

图 13.4　选择通信端口和指定子程序名称

④定义网络操作。每一个网络操作,需要定义以下信息:定义该网络操作是一个 NETR 还是一个 NETW,如图 13.5 所示。

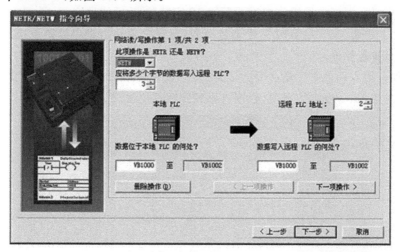

图 13.5　设定主站到从站的字节个数

定义应该从远程 PLC 读取多少个数据字节(NETR)或者应该写到远程 PLC 多少个数据字节(NETW),其中下一项操作对应 NETW 的操作,如图 13.6 所示,根据需要可以逐一设定。每条网络读写指令最多可以发送或接收 16 个字节的数据。

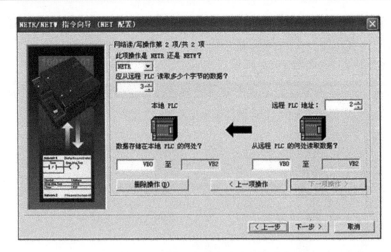

图 13.6　设定从站到主站的字节个数

定义通信的远程 PLC 地址,可以分为以下两种类别。

·定义 NETR(网络读)操作:定义读取的数据应该存在本地 PLC 的哪个地址区,操作数对象可以是 VB,IB,QB,MB,LB。

·定义 NETW(网络写)操作:对于要写入远程 PLC 的本地 PLC 数据地址区,操作数对象可以是 VB,IB,QB,MB,LB。

操作"删除操作"按钮可以删除当前定义的操作,操作"下一操作"按钮可以进入下一步网络操作的定义。网络向导操作中需要配置 12 字节的 V 区地址空间,举例中设置了两个网络操作,一共占用了 24 字节的 V 区地址空间,向导中自动为用户提供了建议地址,用户也可以手动设置起始地址。

注意:保证用户程序已经占用的地址、网络操作中读写区占用的地址以及向导设置过程总设置的空间,一概不能再用,否则将导致程序不正常,如图 13.7 所示。

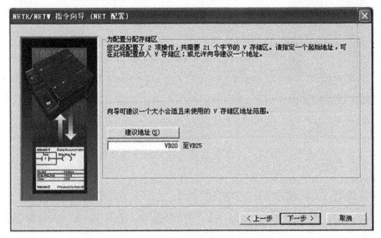

图 13.7　建议分配存储区

⑤生成子程序及符号表。

图 13.8 显示了 NETR/NETW 向导生成的子程序、符号表,点击完成按钮,上述显示

的内容将在你的项目中生成,单击拖动即可生产对应网络读写梯形图,如图 13.9、图 13.10 所示。

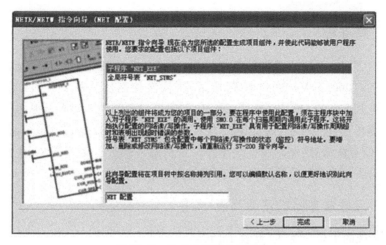

图 13.8　生成子程序和符号表

图 13.9　网络读写子程序

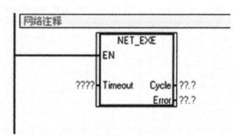

图 13.10　子程序格式

⑥配置完 NETR/NETW 向导,需要在程序中调用向导生成的 NETR/NETW 参数化子程序。

规定用 SM0.0 来使能 NETR/NETW,以保证它的正常运行超时:其中 b 处等于 0 则不延时;等于 1~36767 是以秒为单位的延时时间,如果通信有出现问题,则时间超出此延时时间,将会出现报错误周期参数,此参数在每次所有网络操作完成时切换刷新开关量状态,0 表示无错误参数,1 表示有错误。NetR/NetW 指令向导生成的子程序管理所有的网络读写通信。用户不必再编其他程序进行通信设置操作,如图 13.11 所示。

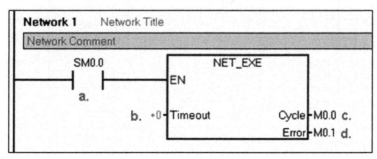

图 13.11　调用子程序后生格式说明

任务实施

1.工作过程分析

要求主机中的 I0.0,I0.1 控制从机中的 Q0.3,Q0.5,实现正翻着控制,也即要把 I0.0,I0.1 的值通过 V1000.0,V1000.1 传到从站,再依次控制从站的 Q0.3,Q0.5;从机中的 I0.4,I0.6 控制主机中的 Q0.0,Q0.2,Q0.3,实现星三角控制。则要让从站 I0.4,I0.6 的值,通过 V 变量传递到主机中,通过 V 变量在去控制主 Q0.0,Q0.2,Q0.3;在此基础上再分配对应的 I/O 分配表,绘制外围接线图并对主从站外围进行接线安装,并考虑一定的硬件联锁,最后记录调试通过的梯形图,指令表等内容。

2.全自动羽绒服充棉机设计过程

(1)列出系统的 I/O 分配表(见表 13.1)。

表 13.1　输入输出分配表

机(主站)				机(从站)			
输入		输出		输入		输出	
正转 SB1	I0.0	KM	Q0.0	启动 SB1	I0.4	KM1 正转	Q0.3
反转 SB2	I0.1	KMY	Q0.2	停止 SB2	I0.6	KM2 反转	Q0.5
		KMΔ	Q0.3				

(2)PLC 外部接线图,如图 13.12 所示。

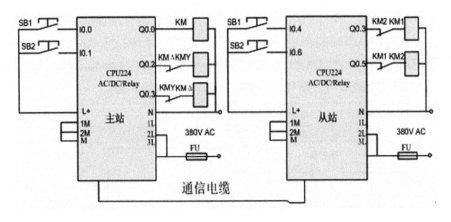

图 13.12　外部接线图

（3）参考梯形图,如图 13.13、图 13.14 所示。

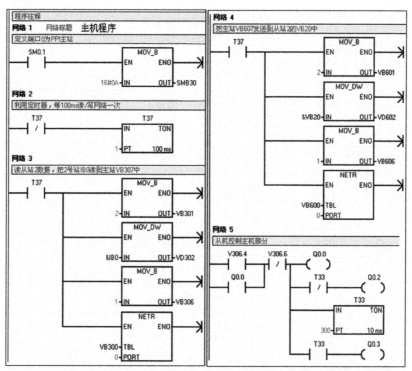

图 13.13　参考梯形图 1:初始化和主机控制从机输出正反转

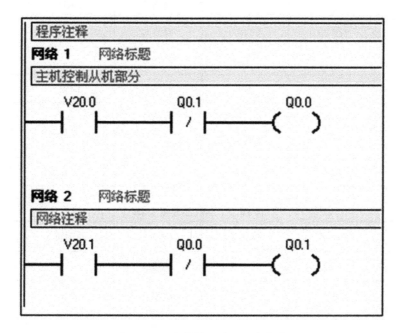

图 13.14　参考梯形图 2:从机部分

（4）指令表，如表 13.2、表 13.3 所示。

表 13.2　主机部分指令表

网络	助记符	操作数	网络	助记符	操作数
网络1	LD	SM0.0	网络4		VD602
网络1	MOVB	16#0A	网络4	MOVB	1
网络1		SMB30	网络4		VB606
网络2	LDN	T37	网络4	NETR	VB600
网络2	TON	T37	网络4		0
网络2		1	网络5	LD	V306.4
网络3	LD	T37	网络5	O	Q0.0
网络3	MOVB	2	网络5	AN	V306.6
网络3		VB301	网络5	LPS	
MOVD	&IB0		网络5	=	Q0.0
网络3		VD302	网络5	AN	T33
网络3	MOVB	1	网络5	=	Q0.2
网络3		VB306	网络5	LRD	
网络3	NETR	VB300	网络5	TON	T33
网络3		0	网络5		300
网络4	LD	T37	网络5	LPP	
网络4	MOVB	2	网络5	A	T33
网络4		VB601	网络5	=	Q0.3
网络4	MOVD	&VB20			

表 13.3　从机部分指令表

网络	助记符	操作数	网络	助记符	操作数
网络1	LD	V20.0	网络2	LD	V20.1
网络1	AN	Q0.1	网络2	AN	Q0.0
网络1	=	Q0.0	网络2	=	Q0.1

5.实践操作并观察现象

(1)按图 13.12 所示接线图,注意通信电缆的连接以及其他外部接线,接线完成后,对信号端子和电源接线进行进一步核实极性。

(2)在电脑桌面打开 STEP7-Micro/WIN 编程软件,参考图 13.7 所示梯形图,按任务要求进行编写或录入对应程序。

(3)将编译好的程序写入 PLC,并按如下步骤进行调试:

①调试程序前,可以先用简单程序调试通信是否正常,如正常则进行编程;如不正常,则检查通信线连接以及指令向导 net 配置。

②注意通信变量的处理以及控制要求。

③程序录入后,查看程序整体控制情况是否正常。

(4)在通信正常情况下,如动作过程有问题,则需要核实接线正确与否,器件是否有损坏等情况。

6.想一想

(1)NET 指令向导设置中有共有几步,以及每一步含义。

(2)通信中硬件连接怎么处理。

7.实验报告要求

(1)画出系统工作流程图。

(2)画出实训中所用的 I/O 分配表、接线图和梯形图。

(3)总结实训中所遇到的问题以及解决方法,并写出实训体会。

任务考核

任务考核(见表 13.4)。

表 13.4　任务考核

序号	内容	考核要求	评分标准	配分	扣分	得分
1	电路设计	根据任务: (1)列出元件信号对照表[PLC 控制 I/O 接口(输入、输出)元件地址分配表] (2)绘制 PLC 的 I/O 接口接线图 (3)根据工作要求设计梯形图 (4)根据梯形图列出指令语句表	(1)输入、输出地址遗漏或搞错,每处扣 1 分 (2)梯形图表达不正确或画法不规范,每处扣 2 分 (3)接线图表达不正确或画法不规范,每处扣 2 分 (4)指令有错,每条扣 2 分	10		

（续表）

序号	内容	考核要求	评分标准	配分	扣分	得分
2	安装与接线	(1)按 PLC 控制 I/O 接口(输出、输入)接线图和题目要求，在电工配线板或机架上装接线路 (2)要求操作熟练、正确，元件在设备上布置要均匀、合理，安装要准确、紧固，配线要平直、美观，接线要正确、可靠，整体装接水平要达到正确性、可靠性、工艺性的要求	(1)元件布置不整齐、不匀称、不合理，每处扣 1 分 (2)元件安装不牢固，安装元件时漏装木螺钉，每处扣 1 分 (3)损坏元件，每件扣 2 分 (4)模拟电气线路运行正常，如不按电气原理图接线扣 1 分 (5)布线不平直、不美观，每根扣 0.5 分 (6)接点松动、露铜过长、反圈、压绝缘层，标记线号不清楚、遗漏或误标，引出端无别径压端子，每处扣 0.5 分 (7)损伤导线绝缘或线芯，每根扣 0.5 分 (8)不按 PLC 控制 I/O 口(输入、输出)接线图接线，每处扣 2 分	30		
3	程序输入及调试	(1)正确地将所编程输入 PLC (2)按照被控设备的动作要求进行模拟调试 (3)互连 PLC 与外接线路板，联调达到设计要求	(1)不能熟练操作 NET 指令向导每处扣 2 分；每一步对应指令含义不清楚扣 2 分 不能根据控制需要变通设置每处扣 3 分。 (2)不能通信扣 5 分 (3)一次试车不成功扣 4 分；二次试车不成功扣 8 分；三次试车不成功扣 10 分 (4)其他功能不全，每处扣 3 分	40		
4	安全文明生产	(1)保护用品穿戴整齐 (2)电工工具佩戴齐全 (3)遵守操作规程 (4)尊重考评员，讲文明礼貌 (5)考试结束要清理现场	(1)违反考核要求，影响安全文明生产，每次倒扣 2~5 分 (2)发现考生有重大事故隐患时，每次扣 5~10 分；严重违规扣 15 分，直至取消考试资格			
备注		考核教师签字：	合计	100		
				年月日		

任务十四　PLC步进电机的设计

任务描述

普通钻床加工的精度和效率受到工人的操作技能水平、熟练程度、工作强度等人为因素影响较大。随着人工劳力成本的不断提升，普通钻床的加工生产成本也在提高，最重要的是这类钻床不能满足生产加工精密化、快速化、柔性化、智能化的需求。

现要求对普通钻床进行PLC改造，控制要求如下：

单台钻床要求：有安全高度值、钻孔深度值、补偿值输入界面，在手动调零模式下，设定好对应值后，按下确定按钮，钻床能从参考点返回至安全高度，然后切换功能方式至自动加工，按下钻孔按钮，电机自动按要求，完成一个加工的来回；当在加工时，出现意外情况，可以紧急停止，紧急停止后，可以到手动调零状态下，重新调零。

任务目标

(1)懂得驱动步进电机的方法和程序设计。

(2)能设计程序控制步进电机运行距离和运行方向。

(3)能根据电路图和PLC接线图完成主电路和PLC控制线路连接。

(4)会使用SETP7软件将梯形图写入PLC并完成调试。

预备知识

步进电机

步进电动机是一种将脉冲信号变换成相应的角位移（或线位移）的开环控制元件，是一种特殊的电动机。一般电动机都是连续转动的，而步进电动机则有定位和运转两种基本状态，当有脉冲输入时，每给一个脉冲信号，它就转过一定的角度。步进电动机的角位移量和输入脉冲的个数严格成正比，在时间上与输入脉冲同步，因此只要控制输入脉冲的数量、频率及电动机绕组通电的相序，便可获得所需的转角、转速及转动方向。

(1)步进电机参数。步进电机相数是指电动机内部的线圈组数,电动机组数不同,步进电机步距角也不同。

固有步距角:控制系统每发出一个脉冲信号,步进电机所转动的角度。

(2)步进驱动器。步进电机驱动器是一种将电脉冲转化为角位移的执行机构。当步进驱动器接收到一个脉冲信号,它就驱动步进电机按设定的方向转动一个固定的角度(称为"步距角"),它的旋转是以固定的角度一步一步运行的。可以通过控制脉冲个数来控制角位移量,从而达到准确定位的目的;同时可以通过控制脉冲频率来控制电机转动的速度和加速度,从而达到调速和定位的目的。

(3)步进驱动器参数。步进驱动器细分数:作用是减弱或消除步进电机的低频振动,提高步进电机的运作精度。细分的具体做法就是将原来的整步触发的脉冲细分为若干个脉冲。

(4)步进驱动器端口。脉冲信号:用于控制步进电机的位置和速度。步进驱动器每接收一个脉冲信号,步进电机就转动一个步距角,改变脉冲的频率,即可改变步进电机转速,而控制脉冲数量,即可实现步进电机精确定位。

方向信号:用于控制步进电机选择方向。方向信号为高电平步进电机向一个方向旋转,方向信号为低电平则向另一个方向旋转。

(5)高速脉冲指令。S7-200 高速脉冲输出有两种形式,可通过特殊继电器来定义输出的形式。两种输出形式分别为高速脉冲序列输出 PTO 和脉冲宽度调制输出 PWM。每个高速脉冲发生器对应一定数量特殊标志寄存器,这些寄存器包括控制字节寄存器、状态字用以控制高速脉冲的输出形式、反映输出状态和参数值。

STEP7V4.0 的位控制向导能自动处理 PTO 脉冲的单段管线和多段管线、脉宽调制、SM 位置配置和创建包络表。本课题以单轴为例,阐述使用为控制向导编程的方法和步骤。表 14.1 是实现进给步进电机运行所需的运动包络。

表 14.1 运动包络参数设置

运动包络	运动距离	脉冲量	移动方向
1	快速进给	8000	
2	工进	3000	
3	后退	3000	DIR

使用位控向导编程步骤:

(1)在 STEP7 软件命令菜单中选择"工具→位置控制向导",然后选择"配置 S7-200PLC 内置 PTO/PWM 操作",如图 14.1 所示。

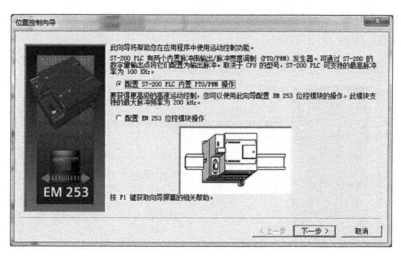

图 14.1　脉冲控制方式配置

（2）单击"下一步"按钮，选择 Q0.0（高速脉冲输出口），再单击"下一步"按钮，选择"线性脉冲串输出（PTO）"，如图 14.2 所示。

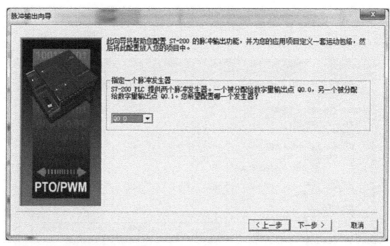

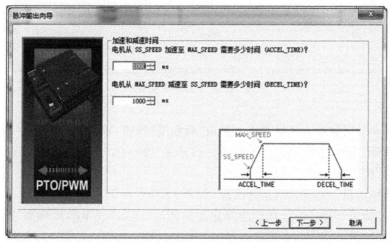

图 14.2　脉冲输出端口设置

(3)单击"下一步"按钮,在对应编辑框中输入最大速度(MAX_SPEED)和启动/停止速度(SS_SPEED),如图 14.3 所示。

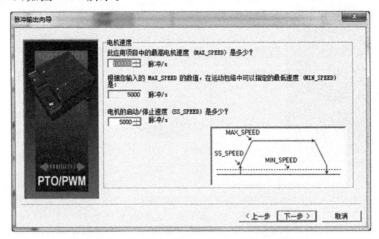

图 15.3　最大速度和启动/停止速度设置

(4)单击"下一步"按钮,在对应编辑框中输入加速时间(ACCEL_TIME)和减速时间(DECEL_TIME),如图 14.4 所示。

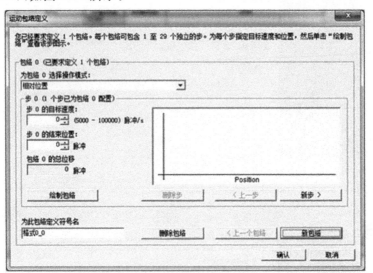

图 14.4　包络参数设置

(5)接下来是配置运动包络界面。单击"新包络"按钮,设置操作模式,"为包络 0 选择操作模式"选择"相对位置",填写"步 0 的目标速度"为 600、"步 0 的结束位置"为 8000,单击"绘制包络"按钮即完成包络 0 的设置。

(6)再参照步骤 5 完成其他包络设置

(7)单击"确定"按钮,为运动包络制定存储区地址(VB0—VB7),单击"下一步"按钮,再单击"完成"按钮,如图 14.5 所示。

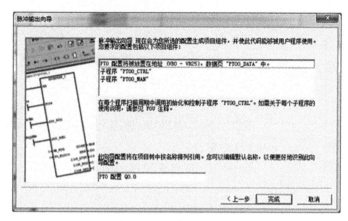

图 14.5　完成 PTO 配置

项目组件

运动包络组态完成后,系统会自动生成三个子程序:PTOX_RUN(运行包络)、PTOX_CTRL(控制)、PTOX_MAN(手动)。这些子程序均可在程序中调用。其功能如下:

PTOX_RUN(运行包络)

EN:使能端,启用子程序,在 DONE 发出信号前必须保持开启

START:包络的执行启动信号,为确保只发送一个启动命令,必须使用上升沿信号

PROFILE:包络名称

ABORT:终止端,接收到信号后停止当前包络并减速至电机停止

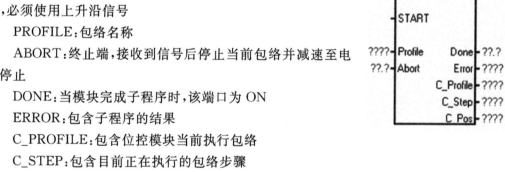

DONE:当模块完成子程序时,该端口为 ON

ERROR:包含子程序的结果

C_PROFILE:包含位控模块当前执行包络

C_STEP:包含目前正在执行的包络步骤

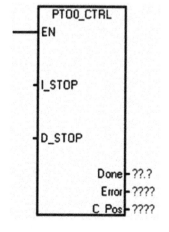

PTOX_CTRL(控制子程序)

EN:使能端,启用和初始化与步进电机或伺服电机合用 PTO 输出。在用户程序中只能使用一次,并要求每次扫描时能够执行。

I_STOP:立即停止输入。当此输入为高时,PTO 立即终止脉冲输出。

D_STOP:减速停止输入。当此输入为高时,PTO 会产生将电机减速至停止的脉冲输出。

ERROR:包含子程序的结果

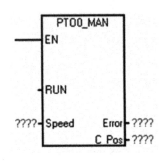

PROX_MAN(手动)

将 PTO 设置为手动模式,允许电机启动、停止和按不同速度运行。当 PROX_MAN 程序执行时,其他 PTO 程序均无法执行。

RUN:命令 PTO 加速至指定速度,可以在电机运行参数 SPEED 中更改。

ERROR:包含子程序的结果

任务实施

1.列出系统的 I/O 分配表

列出系统的 I/O 分配表(见表 14.2)。

表 14.2　系统的 I/O 分配表

输入信号		输出信号	
名称	PLC 地址	名称	PLC 地址
工作模式选择	I0.0	脉冲信号	Q0.0
确定	I0.1	方向信号	Q0.1
钻孔	I0.2		
紧急停止	I0.3		
极限位置保护	I0.4		
下限位	I0.5		

2.参考梯形图

参考梯形图如下:

主程序(见图 14.6)。

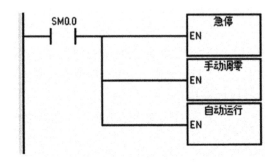

图 14.6　主程序

手动调零子程序(见图 14.7):

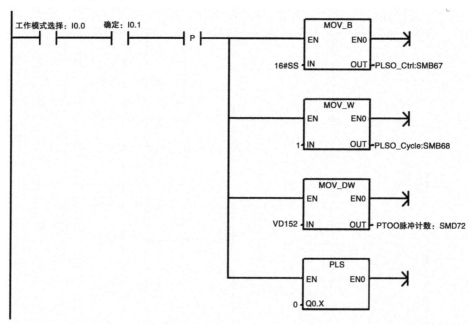

图 14.7　手动调零子程序

自动运行子程序(见图 14.8):

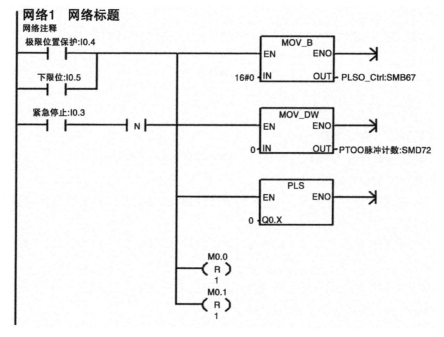

图 14.8　自动运行子程序

急停子程序(见图 14.9):

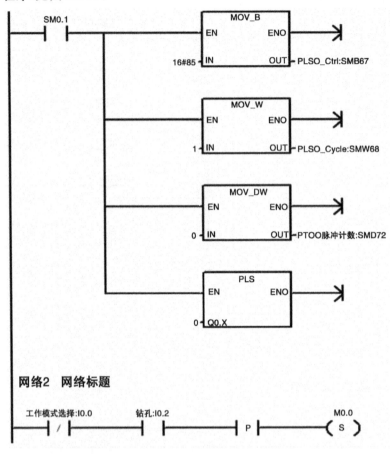

网络2 网络标题

图 14.9 急停子程序

3. 实践操作并观察现象

(1)在实验板上完成电路连接。

(2)在电脑桌面打开 STEP7 编程软件,并按图所示梯形图输入。

(3)将编译好的程序写入 PLC,并按如下步骤进行调试:

①拨上工作模式选择开关 I0.0,进入手动调零模式,设定对应值后按下确定按钮 I0.1,观察步进电机运行状态。

②拨下工作模式选择开关 I0.0,进入自动工作模式,按下钻孔按钮 I0.2,观察步进电机运行状态。

③在钻孔过程中按下紧急停止按钮 I0.3,观察步进电机运行状态。

(4)如系统无法准确运行,仔细检查系统及接线。

4. 想一想

(1)如何修改程序实现步进电机速度调整。

(2)如何修改程序实现双轴加工。

5.实验报告要求

(1)画出系统工作流程图。

(2)画出实训中所用的I/O分配表、接线图和梯形图。

(3)总结实训中所遇到的问题以及解决方法,并写出实训体会。

任务考核

任务考核(见表14.3)。

表 14.3　任务考核

序号	内容	考核要求	评分标准	配分	扣分	得分
1	电路设计	根据任务: (1)列出元件信号对照表[PLC控制I/O接口(输入、输出)元件地址分配表] (2)绘制PLC的I/O接口接线图 (3)根据工作要求设计梯形图 (4)根据梯形图列出指令语句表	(1)输入、输出地址遗漏或搞错,每处扣1分 (2)梯形图表达不正确或画法不规范,每处扣2分 (3)接线图表达不正确或画法不规范,每处扣2分 (4)指令有错,每条扣2分	10		
2	安装与接线	(1)按PLC控制I/O接口(输出、输入)接线图和题目要求,在电工配线板或机架上装接线路 (2)要求操作熟练、正确,元件在设备上布置要均匀、合理,安装要准确、紧固,配线要平直、美观,接线要正确、可靠,整体装接水平要达到正确性、可靠性、工艺性的要求	(1)元件布置不整齐、不匀称、不合理,每处扣1分 (2)元件安装不牢固,安装元件时漏装木螺钉,每处扣1分 (3)损坏元件,每件扣2分 (4)模拟电气线路运行正常,如不按电气原理图接线扣1分 (5)布线不平直、不美观,每根扣0.5分 (6)接点松动、露铜过长、反圈、压绝缘层,标记线号不清楚、遗漏或误标,引出端无别径压端子,每处扣0.5分 (7)损伤导线绝缘或线芯,每根扣0.5分 (8)不按PLC控制I/O口(输入、输出)接线图接线,每处扣2分	30		
3	程序输入及调试	(1)正确地将所编程输入PLC (2)按照被控设备的动作要求进行模拟调试 (3)互连PLC与外接线路板联调达到设计要求	(1)不会熟练操作PLC键盘输入指令扣2分 (2)不会用删除、插入、修改等命令扣2分 (3)一次试车不成功扣4分;二次试车不成功扣8分;三次试车不成功扣10分 (4)其他功能不全,每处扣3分	40		

（续表）

序号	内容	考核要求	评分标准	配分	扣分	得分
4	安全文明生产	(1)保护用品穿戴整齐 (2)电工工具佩戴齐全 (3)遵守操作规程 (4)尊重考评员,讲文明礼貌 (5)考试结束要清理现场	(1)违反考核要求,影响安全文明生产,每次倒扣 2～5 分 (2)发现考生有重大事故隐患时,每次扣 5～10 分;严重违规扣 15 分,直至取消考试资格			
备注			合计	100		
	考核教师签字:			年月日		

任务十五 全自动羽绒棉称重充棉机

任务描述

本系统主要由三部分组成(见图 15.1),即羽绒存放容器,称重比较装置,冲绒装置。可分别设置多种重量,重量的设置可以由触摸屏完成,也可以对某一固定重量称重,重量的称重由电阻应变式压力传感器完成,输出的模拟量传送给可编程序控制的模拟量模块与设定值相比较,两个值相等后便停止往称盘上冲绒。踩下脚踏开关后喷嘴往衣服里冲装羽绒。冲完后称重装置开始称下一设定值重量,循环冲绒,如图 15.1 所示。

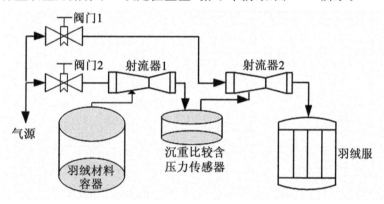

阀门1

阀门2 射流器1 射流器2

气源

羽绒材料容器

沉重比较含压力传感器

羽绒服

图 15.1 系统

在实际生产装置中,往往采用羽绒全封闭存储装置,在内部进行循环传送,这样能够确保羽绒的生产环境和操作环境,保证产品质量,该系统是全自动填充系统,如图 15.2 所示,只需要 1 个人工,且对工人的技术要求水平较低,计量精确与否由系统确保,理论精度误差可以控制在 0.01g,这样的负压填充方式,不损伤羽绒原有的质量。系统的设计任务要求具体如下:

(1)工作方式设置为自动循环。

(2)有必要的电气保护和联锁。

(3)自动循环时应按上述顺序动作,有急停可以随时停止冲绒。

(4)设定气泵压力在 0.6MPa 左右。

图 15.2　产品实物图

任务目标

(1)分析任务,能根据任务预设 I/O 数量及具体分配。

(2)结合 I/O 和任务要求设计外围电路并进行安装。

(3)熟悉模拟了模块,编写任务中所要求的程序块以及主题程序。

(4)结合任务要求进行系统调试、功能检测。

预备知识

1.射流器

射流器示意图如图 15.3 所示,起源处在高速液体或气体的作用下,混合液体或气体以较高的速度从喷嘴喷出,这部分高速混合液体或气体在通过混合气室时,会让混合气室形成真空,这样在导气管处能够吸入空气或者其他液体,这部分空气或液体进入混合气室后,在喉管处与原来成分混合。在本项目中,气源纯粹由气泵提供高速空气,在经过混合气室室,导气管中引入羽绒棉花,由扩散管处喷射出去,整个过程就是对羽绒棉的高效传送。

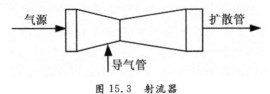

图 15.3　射流器

2.电阻应变式压力传感器

电阻应变式压力传感器通常由弹性体、电阻应变片和检查电路三部分组成。电阻应变式压力传感器中的弹性体(敏感梁)在外部压力(重物)的作用下,产生形变,由于电阻应变片与弹性体为的一体化固定,使得电阻应变片随弹性体的形变,一同形变,电阻应变片的电阻大小随形变大小(反比变化)发生阻值变化,这个阻值变化,经过一定的转换电路变成了电压或电流信号的变化,从而也使得压力变化信号以电压或电流形式反映出来,这就是电阻应变式压力传感器的工作过程。

(1)广测 YZC-133 电阻应变式压力传感器基本特点,如表 15.1 所示。

表 15.1　YZC-133 性能指标

应　　用	厨房秤
型号	YZC-133
量程/kg	1、2、3、5、10、20
输出灵敏度/mV/V	1.0±0.15
输入阻抗/Ω	1066±20
输出阻抗/Ω	1000±20
绝缘电阻/MΩ	2000
推荐激励电压/V	5V
工作温度范围/℃	−20～+65
安全超载能力/%RO	120
极限超载能力/%RO	150
传感器材料	铝合金
接线电缆	ϕ0.8×180mm
接线方式	红输入(+)黑输入(−)绿输出(+)白输出(——)

电阻应变式压力传感器产品样式多种多样,价格随量程、精度等高低不同,但是均基于这个原理,本方案中采取了广测 YZC-133,最大量程为 1kg,输出电压满量程为 5mV。

(2)安装与使用。

①该传感器有两段螺丝孔,一端用以固定,另外一段则悬空,加重时可以按标签指示方向为参考。

②需要特别小心的是不要直接按压白色覆盖部分,这样容易损坏传感器内部应变片。

③该器件采用全桥结构,引出四根线,驱动电压可以为 5～10V。

④该压力传感器形变量微小,在安装和使用过程中,需要注意不能超载,如果在撤走实际压力时,传感器不能恢复原形,则表明传感器已经损坏。

⑤传感器引出到外部有 4 根线,其中红线为电源正极输入,黑线为电源负极输入,白线为信号输出 1,绿线为信号输出 2。

⑥为了保证传感器精度,一般不要随意调整线长。传感器满量程输出电压=激励电压乘以灵敏度 1.0mV/V,如:供电电压是 10V 乘以灵敏度 1.0mV/V=满量程 10mV。

⑦由于该传感器输出电压为毫伏级,与 PLC 模拟量模块输入电压 0～5V 不匹配,故在

实际使用中,还需要对传感器输出电压进行运放线性发大。

3.西门子 EM235CN 模拟量输入/输出模块介绍

(1)EM235CN,外形如图 15.4 所示,是用来连接控制系统的模拟量过程信号,向过程控制系统输出模拟量控制信号,它们转换:将过程模拟量信号转换为在 SIMATIC S7-200 内所处理的数字量信号,将 S7-200 的数字信号转换为过程所需的模拟量信号。EM235CN 具有 4 路模拟量输入,2 路模拟量输出(实际的物理点数为:4 输入,1 输出)。可以用 DIP 开关设置 EM235CN 模块的模拟量输入范围和分辨率。

图 15.4　EM235CN 实物外形图

(2)EM235CN 模拟量输入,输出和组合模块的技术规范,如表 15.2 所示。

表 15.2　EM235CN 技术规范

说明	EM 235 CN AI4/AQ1 x 12 位
订货号	6ES7 235－0KD21－0XA8
通用技术规范	
尺寸($W \times H \times D$)	71.2×80×62mm
重量	186g
功耗	2W
点数	4 路模拟量输入,2 路模拟量输出 (实际的物理点数为:4 输入,1 输出)
功率损耗	
＋5V DC(从 I/O 总线)	30mA
从 L＋	60mA(带输出 20mA)
L＋电压范围,第 2 级或 DC 传感器供电	20.4～28.8
LED 指示器	24V DC 状态 亮＝无故障,灭＝无 24V DC 电源
模拟量输入特性	
模拟量输入点数	4
隔离(现场与逻辑电路间)	无

（续表）

输入类型	差分输入
输入范围	
电压（单极性）	0～10V，0～5V， 0～1V，0～500mV， 0～100mV，0～50mV
电压（双极性）	±10V，±5V，±2.5V， ±1V，±500mV， ±250mV，±100mV ±50mV，±25mV
电流	0～20mA
输入分辨率	
电压（单极性）	12.5μV(0～50mV) 25μV(0～100mV) 125μV(0～500mV) 250μV(0～1V) 1.25mV(0～5V) 2.5mV(0～10V)
电压（双极性）	12.5μV(±25mV) 25μV(±50mV) 50μV(±100mV) 125μV(±250mV) 250μV(±500mV) 500μV(±1V) 1.25mV(±2.5V) 2.5mV(±5V) 5mV(±10V)
电流	5μA(0～10mA 时)
模数转换时间	<250μs
模拟量输入响应	1.5ms～95％
共模抑制	40dB，DC to 60Hz EM 235 CN
共模电压	信号电压＋共模电压（必须小于等于12V）
数据字格式	
单极性，全量程范围－32000～＋32000	－32000～＋320000
双极性，全量程范围 0～32000	0～32000
输入阻抗	大于等于10MΩ
输入滤波器衰减	－3db@3.1kHz
最大输入电压	30V DC

(续表)

最大输入电流	32mA
分辨率	12 位 A/D 转换器
模拟量输出特性	
模拟量输出点数	1
隔离(现场侧到逻辑线路)	无
信号范围	
电压输出	±10V
电注输出	0 到 20mA
数据字格式	
电压	−32000～＋32000
电流	0～＋32000
分辨率,满量程	
电压	12 位
电流	11 位
精度	
最坏情况,0～55℃	满量程的±2％
电压输出	满量程的±2％
电流输出	
典型值,25℃	
电压输出	满量程的±0.5％
电流输出	满量程的±0.5％
设置时间	
电压输出	$100\mu s$
电流输出	2mS
最大驱动@24V 用户电源	
电压输出	最小 5000Ω
电流输出	最大 500Ω

(3)端子接线,如图 15.5～图 15.7 所示。

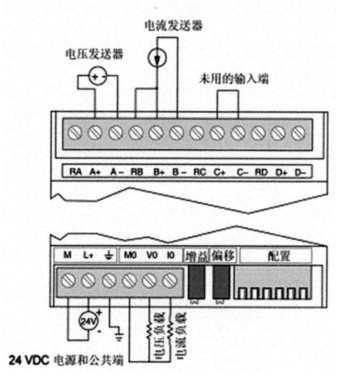

图 15.5 EM 235 CN 端子连接图

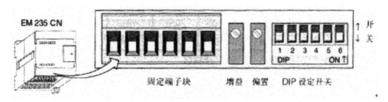

图 15.6 EM 235 CN 的校准和配置位置

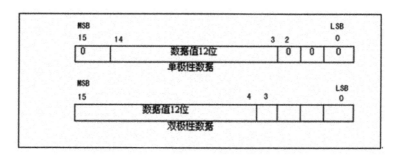

图 15.7 EM 235 CN 输入数据字格式

注意:模拟量到数字量转换器(ADC)的 12 位读数,其数据格式是左端对齐的。最高有效位是符号位;0 表示是正值数据字,对单极性格式,3 个连续的 0 使得 ADC 计数数值每变化 1 个单位则数据字的变化是以 8 为单位变化的。对双极性格式,4 个连续的 0 使得 ADC 计数数值每变化 1 个单位,则数据字的变化是以 16 为单位变化的。

(4)EM 235 CN 配置说明。表 15.3 所示为如何用 DIP 开关设置 EM 235 CN 模块。开关 1 到 6 可选择模拟量输入范围和分辨率。所有的输入设置成相同的模拟量输入范围和格式。表 15.4 为如何选择单/双极性(开关 6)、增益(开关 4 和 5)和衰减(开关 1、2 和 3)。表 15.3 和表 15.4 中,ON 为接通,OFF 为断开。

表 15.3 EM 235 CN 选择模拟量输入范围和分辨率的开关表

单极性						满量程输入	分辨率
SW1	SW2	SW3	SW4	SW5	SW6		
ON	OFF	OFF	ON	OFF	ON	0 到 50mV	$12.5\mu V$
OFF	ON	OFF	ON	OFF	ON	0 到 100mV	$25\mu V$
ON	OFF	OFF	OFF	ON	ON	0 到 500mV	125uA
OFF	ON	OFF	OFF	ON	ON	0 到 1V	$250\mu V$
ON	OFF	OFF	OFF	OFF	ON	0 到 5V	1.25mV
ON	OFF	OFF	OFF	OFF	ON	0 到 20mA	$5\mu A$
OFF	ON	OFF	OFF	OFF	ON	0 到 10V	2.5mV
双极性						满量程输入	分辨率
SW1	SW2	SW3	SW4	SW5	SW6		
ON	OFF	OFF	ON	OFF	OFF	$\pm 25mV$	$12.5\mu V$
OFF	ON	OFF	ON	OFF	OFF	$\pm 50mV$	$25\mu V$
OFF	OFF	ON	ON	OFF	OFF	$\pm 100mV$	$50\mu V$
ON	OFF	OFF	OFF	ON	OFF	$\pm 250mV$	$125\mu V$
OFF	ON	OFF	OFF	ON	OFF	± 500	$250\mu V$
OFF	OFF	ON	OFF	ON	OFF	$\pm 1V$	$500\mu V$
ON	OFF	OFF	OFF	OFF	OFF	$\pm 2.5V$	1.25mV
OFF	ON	OFF	OFF	OFF	OFF	$\pm 5V$	2.5mV
OFF	OFF	ON	OFF	OFF	OFF	$\pm 10V$	5mV

表 15.4　EM 235 CN 选择单/双极性、增益和衰减的开关表

EM 235 CN 开关						单/双极性选择	增益选择	衰减选择
SW1	SW2	SW3	SW4	SW5	SW6			
					ON	单极性		
					OFF	双极性		
			OFF	OFF			X1	
			OFF	ON			X10	
			ON	OFF			X100	
			ON	ON			无效	
ON	OFF	OFF						0.8
OFF	ON	OFF						0.4
OFF	OFF	ON						0.2

任务实施

1. 工作流程图分析

工作流程图分析,如图 15.8 所示。

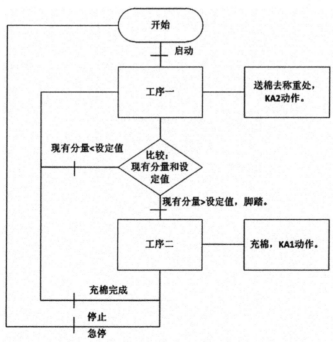

图 15.8　工作流程图

2.全自动羽绒服充棉机设计过程

（1）列出系统的 I/O 分配表，如表 15.5 所示。

表 15.5　系统的 I/O 分配表

输入信号		输出信号	
名称	PLC 地址	名称	PLC 地址
启动按钮 SB1	I0.0	称重电磁阀 KA1	Q0.0
脚踏开关 SQ	I0.1	冲绒电磁阀 KA2	Q0.1
停止按钮 SB2	I0.2		
急停按钮 QS	I0.3		

（2）PLC 外部接线图，如图 15.9 所示。

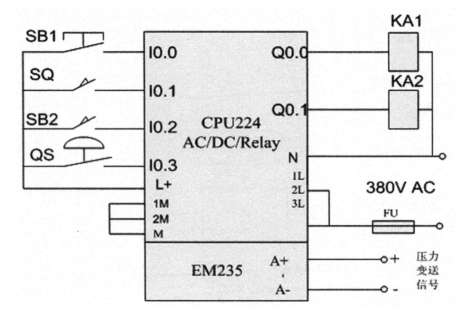

图 15.9　外部接线图

（3）参考梯形图，如图 15.10 所示。

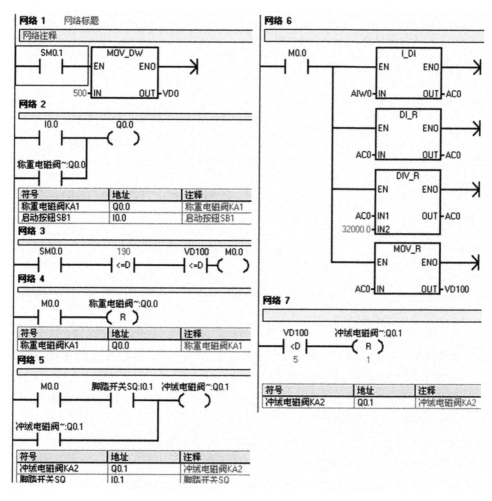

图 15.10 参考梯形图

(4)指令表(见表 15.6)。

表 15.6 指令表

网络	助记符	操作数	网络	助记符	操作数
网络 1	LD	SM0.1	网络 5	A	I0.1
网络 1	MOVD	500	网络 5	O	Q0.1
网络 1		VD0	网络 5	=	Q0.1
网络 2	LD	I0.0	网络 6	LD	M0.0
网络 2	O	Q0.0	网络 6	ITD	AIW0
网络 2	=	Q0.0	网络 6		AC0
网络 3	LD	SM0.0	网络 6	DTR	AC0
网络 3	AD<=	190	网络 6		AC0

（续表）

网络	助记符	操作数	网络	助记符	操作数
网络 3		VD100	网络 6	/R	32000.0
网络 3	AD<=	VD100	网络 6		AC0
网络 3		220	网络 6	MOVR	AC0
网络 3	=	M0.0	网络 6		VD100
网络 4	LD	M0.0	网络 7	LDD<	VD100
网络 4	R	Q0.0	网络 7		5
网络 4		1	网络 7	R	Q0.1
网络 5	LD	M0.0	网络 7		1

3. 实践操作并观察现象

（1）按图 15.5 所示接线图,注意模拟量模块和 PLC、信号放大部分的连接,接线完成后,对信号端子和电源接线进行进一步核实极性。

（2）在电脑桌面打开 STEP7-Micro/WIN 编程软件,参考图 15.7 所示梯形图,按任务要求进行编写或录入对应程序。

（3）将编译好的程序写入 PLC,并按如下步骤进行调试:

①调试程序前,先查看传感器部分是否被读入数值。

②读入数值后,可以用对应固定重量物体,进行核实数据正确与否。

③传感器数据读入无误后,在进行程序其他环节调试。

（4）如系统无法正确运行,则进行核实接线正确与否,器件是否有损坏等情况。

（5）程序中,对称重值,注意实际任务中称重的允许误差要求,来设计程序。

4. 想一想

（1）EMC235 输入输出怎么设置,分别有几路。

（2）怎么来确定 EM235 的输入输出值。

（3）实际产品中,送羽绒能不能连续。

5. 实验报告要求

（1）画出系统工作流程图。

（2）画出实训中所用的 I/O 分配表、接线图和梯形图。

（3）总结实训中所遇到的问题以及解决方法,并写出实训体会。

任务考核

任务考核(见表 15.7)。

表 15.7　任务考核

序号	内容	考核要求	评分标准	配分	扣分	得分
1	电路设计	根据任务: (1) 列出元件信号对照表[PLC 控制 I/O 接口(输入、输出)元件地址分配表] (2) 绘制 PLC 的 I/O 接口接线图 (3) 根据工作要求设计梯形图 (4) 根据梯形图列出指令语句表	(1) 输入、输出地址遗漏或搞错,每处扣 1 分 (2) 梯形图表达不正确或画法不规范,每处扣 2 分 (3) 接线图表达不正确或画法不规范,每处扣 2 分 (4) 指令有错,每条扣 2 分	10		
2	安装与接线	(1) 按 PLC 控制 I/O 接口(输出、输入)接线图和题目要求,在电工配线板或机架上装接线路 (2) 要求操作熟练、正确,元件在设备上布置要均匀、合理,安装要准确、紧固,配线要平直、美观,接线要正确、可靠,整体装接水平要达到正确性、可靠性、工艺性的要求	(1) 元件布置不整齐、不匀称、不合理,每处扣 1 分 (2) 元件安装不牢固,安装元件时漏装木螺钉,每处扣 1 分 (3) 损坏元件,每件扣 2 分 (4) 模拟电气线路运行正常,如不按电气原理图接线扣 1 分 (5) 布线不平直、不美观,每根扣 0.5 分 (6) 接点松动、露铜过长、反圈、压绝缘层,标记线号不清楚、遗漏或误标,引出端无别径压端子,每处扣 0.5 分 (7) 损伤导线绝缘或线芯,每根扣 0.5 分 (8) 不按 PLC 控制 I/O 口(输入、输出)接线图接线,每处扣 2 分	30		
3	程序输入及调试	(1) 正确地将所编程输入 PLC (2) 按照被控设备的动作要求进行模拟调试 (3) 互连 PLC 与外接线路板,联调达到设计要求	(1) 不会熟练操作 PLC 键盘输入指令扣 2 分 (2) 模拟量读入不能实现扣 4 分,对应指令含义不清楚每次扣 2 分 (3) 一次试车不成功扣 4 分;二次试车不成功扣 8 分;三次试车不成功扣 10 分 (4) 其他功能不全,每处扣 3 分	40		
4	安全文明生产	(1) 保护用品穿戴整齐 (2) 电工工具佩戴齐全 (3) 遵守操作规程 (4) 尊重考评员,讲文明礼貌 (5) 考试结束要清理现场	(1) 违反考核要求,影响安全文明生产,每次倒扣 2~5 分 (2) 发现考生有重大事故隐患时,每次扣 5~10 分;严重违规扣 15 分,直至取消考试资格			
备注			合计	100		
	考核教师签字:			年月日		

任务十六　PLC控制十字路口交通灯

任务描述

随着社会经济的飞速发展,汽车也逐渐成为了人们日常出行的必要工具,在人们生活水平提高的基础上,日益拥堵的交通状况也困扰着人们的出行。如何合理的设置交通灯,成为缓解交通压力、减少交通事故的关键所在。

现要求对传统的交通信号灯进行改造,要求如下:

(1)夜间23:00～凌晨5:00四个方向均为黄灯闪烁。

(2)可根据车流量进行红绿灯时间的自动调整。

任务目标

(1)掌握PLC顺序流程图程序设计方法。

(2)能根据顺序流程图完成PLC程序设计。

(3)会使用STEP7软件将梯形图写入PLC并完成调试。

预备知识

顺序功能图

(1)顺序功能图概念:顺序功能图是一种将复杂的任务或工作过程分解成若干状态表达出来,同时又反映出状态的转移条件和方向的图。

(2)顺序功能图的基本元素。

①状态。它是根据系统输出的变化,将系统的一个工作循环分解成若干个顺序相连的阶段。每个状态用矩形框表示(起始状态用双线框表示),框中的符号表示该状态的控制元件编号。S7-300的顺序控制继电器用S表示,S的范围为S0.0～S31.7。

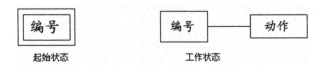

起始状态　　　　　　　　工作状态

②转移方向。各状态之间用带箭头的线段连接,表示状态转移的方向。

③转移条件。在转移方向线段上用短划线表示,可以是单个常开触点或常闭触点,也可以是各类继电器触点的逻辑组合。

④输出信号。指某步活动时,PLC向被控系统发出的命令,或系统应执行的动作。输出信号用圆括号或方括号表示。

(3)顺序控制指令

①顺序步开始指令 SCR。SCR n 是标记一个顺序控制器段(SCR)的开始,n 为顺序控制器 S 的地址,当 n 为 1 时,该顺序控制段开始工作。例:

顺序控制继电器 Sx.y=1 时,该程序步执行。

②顺序步转移指令 SCRT。SCRT n 是执行 SCR 段的转移,当 n=1 时,一方面使下一个 SCR 段的使能位 S 置位,以便下一个 SCR 段开始工作,同时对本 SCR 段复位,使得本 SCR 段停止工作。例:

$$—(\text{SCRT})$$

当输入信号有效时,将下一步顺序控制继电器置1,而当前顺序控制继电器置为0。

③顺序步结束指令 SCRE。SCRE 是标记该顺序控制段的结束。每一控制段必须以它为结束。例:

$$—(\text{SCRE})$$

顺序步的程序必须在 LSCR 和 SCRE 之间。

(4)顺序功能图绘制规则。

①状态与状态之间不能相连,必须用转移分开。

②转移与转移之间不能相连,必须用状态分开。

③状态与转移、转移与状态之间的连接采用有向线段,从上向下画时可以省略箭头,从下向上画时必须画向上箭头,以表示方向。

④一个顺序功能图至少有一个初始状态。

比较指令

比较指令在 S7-200 中,需要比较的两个操作数 IN1 和 IN2,其中 IN1 为需要比较的数据,IN12 为基准数据。

S7-200 允许比较操作如下:

一:等于比较,IN1 和 IN2 相等时输出高电平;

<>:不等于比较,,IN1 和 IN2 不相等时输出高电平;

>=:大于等于比较,IN1>=IN2 下方数据时输出高电平;

<=:小于等于比较,IN1<=IN2 时输出高电平;

>:大于比较,IN1>IN2 时输出高电平;

<:小于比较,IN1<IN2 时输出高电平。

时钟指令

时钟数据读出功能 SFC1(READ_CLK)

在系统功能 SFC1 中的输出参数"CDT"接收的时间和日期的格式为"DATE_AND_TIME"。具有"DATE_AND_TIME"数据类型的时间和日期是以 BCD 码的格式存储在 8 个字节里。例:

2016 年 7 月 14 日 9 点 16 分 54.250 秒,星期四

字节	内容	数值
0	年	B♯16♯16
1	月	B♯16♯7
2	日	B♯16♯14
3	小时	B♯16♯9
4	分钟	B♯16♯16
5	秒	B♯16♯54
6	毫秒的百位和十位数值	B♯16♯25
7(高 4 位)	毫秒的个位数值	B♯16♯05
7(低 4 位)	星期	

任务实施

1.列出系统的 I/O 分配表

列出系统的 I/O 分配表(见表 16.1)。

表 16.1　系统的 I/O 分配表

输入信号		输出信号	
名称	PLC 地址	名称	PLC 地址
启动按钮	I0.0	东西绿灯	Q0.0
东西车驶入传感器	I0.1	东西黄灯	Q0.1
东西车驶出传感器	I0.2	东西红灯	Q0.2
南北车驶入传感器	I0.3	南北绿灯	Q0.3
南北车驶出传感器	I0.4	南北黄灯	Q0.4
		南北红灯	Q0.5

2.工作流程图分析

工作流程图分析,如图 16.1 所示。

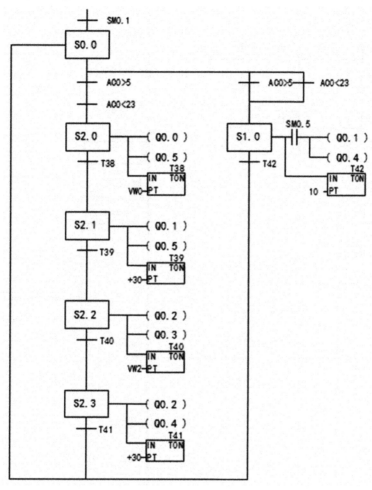

图 16.1 工程流程

3.PLC 程序设计

十字路口交通灯程序设计注意事项:

(1)交通灯设计可采用 SFC 进行程序设计,将交通灯每一个状态分开,可使相互之间不会产生干扰,并且程序设计流程思路清晰。

(2)由于设计中有 23:00~5:00 黄灯闪烁要求,可采用时间读取指令和比较指令完成。

(3)由于设计中要求能根据车流量进行时间的调整,因此可采用比较指令对车流量进行比较进行时间的调整。

(4)由于 SFC 执行过程中只能执行当前步的程序,因此 3 的设计程序必须放在 SFC 之外才能保证程序会被执行。

PLC 程序设计,如图 16.2 所示。

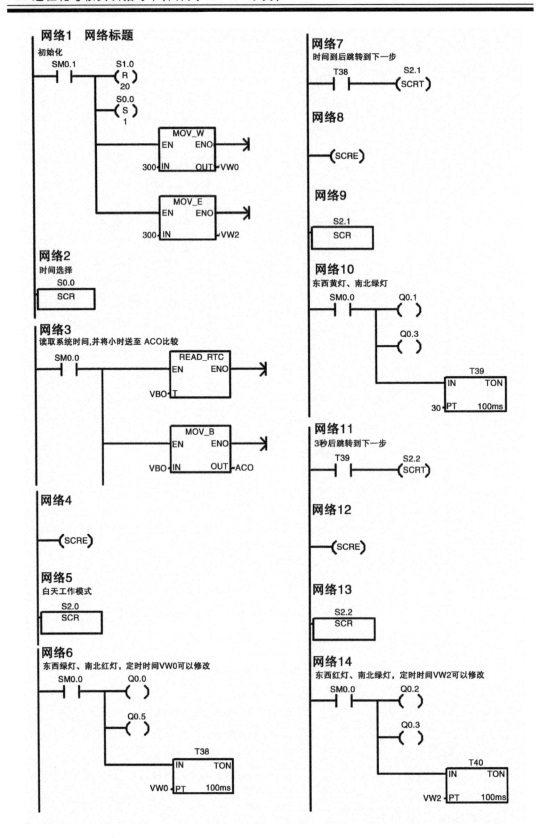

网络1　网络标题

初始化

网络2
时间选择

网络3
读取系统时间,并将小时送至 ACO 比较

网络4

网络5
白天工作模式

网络6
东西绿灯、南北红灯,定时时间VW0可以修改

网络7
时间到后跳转到下一步

网络8

网络9

网络10
东西黄灯、南北绿灯

网络11
3秒后跳转到下一步

网络12

网络13

网络14
东西红灯、南北绿灯,定时时间VW2可以修改

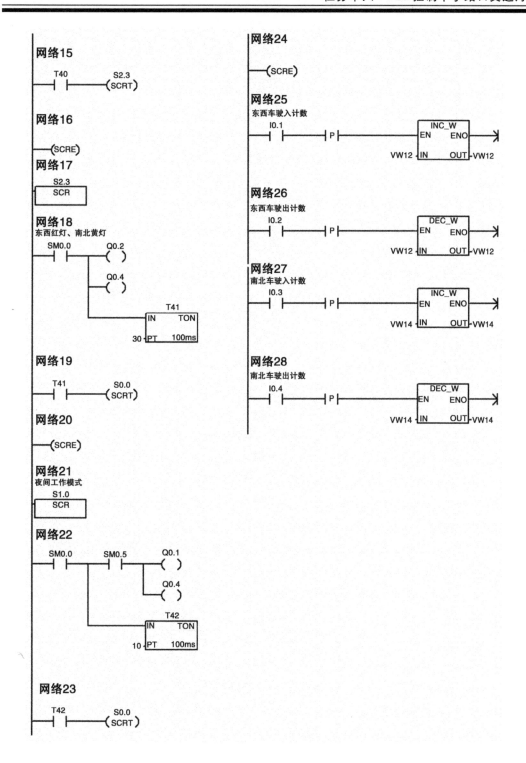

网络15

T40　　　S2.3
─┤ ├──(SCRT)

网络16

──(SCRE)

网络17

S2.3
┌────┐
│SCR │
└────┘

网络18
东西红灯、南北黄灯

SM0.0　　　Q0.2
─┤ ├──────( )

　　　　　　Q0.4
　　　　　　( )

　　　　　　　　T41
　　　　　┌IN　　TON┐
　　　　　│　　　　　│
　　　30─┤PT　100ms│

网络19

T41　　　S0.0
─┤ ├──(SCRT)

网络20

──(SCRE)

网络21
夜间工作模式

S1.0
┌────┐
│SCR │
└────┘

网络22

SM0.0　　SM0.5　　Q0.1
─┤ ├────┤ ├──────( )

　　　　　　　　　Q0.4
　　　　　　　　　( )

　　　　　　　　　　T42
　　　　　　┌IN　　TON┐
　　　　　　│　　　　　│
　　　10─┤PT　100ms│

网络23

T42　　　S0.0
─┤ ├──(SCRT)

网络24

──(SCRE)

网络25
东西车驶入计数

I0.1　　　　　　　　　　INC_W
─┤ ├───┤P├────┤EN　　ENO├──
　　　　　　　　　VW12─┤IN　　OUT├─VW12

网络26
东西车驶出计数

I0.2　　　　　　　　　　DEC_W
─┤ ├───┤P├────┤EN　　ENO├──
　　　　　　　　　VW12─┤IN　　OUT├─VW12

网络27
南北车驶入计数

I0.3　　　　　　　　　　INC_W
─┤ ├───┤P├────┤EN　　ENO├──
　　　　　　　　　VW14─┤IN　　OUT├─VW14

网络28
南北车驶出计数

I0.4　　　　　　　　　　DEC_W
─┤ ├───┤P├────┤EN　　ENO├──
　　　　　　　　　VW14─┤IN　　OUT├─VW14

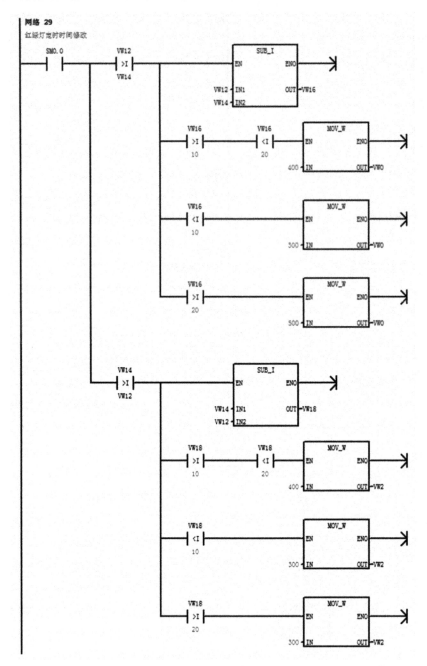

图 16.2 PLC 程序设计

4. 实践操作并观察现象

(1)根据 I/O 分配表在实验板上完成电路连接。

(2)在电脑桌面打开 STEP7 编程软件,并将梯形图输入。

(3)将编译好的程序写入 PLC,并按如下步骤进行调试:

①按下启动按钮;观察交通灯运行状态。

②多次按下东西车流量传感器(可用按钮代替),观察交通灯红绿灯时间变化。

③调整 PLC 系统时间至 24:00,观察交通灯状态。

(4)如系统无法准确运行,仔细检查系统及接线。

5. 想一想

如何通过修改程序实现冬令时和夏令时夜间模式的时间调整。

6. 实验报告要求

(1)画出系统工作流程图。

(2)画出实训中所用的 I/O 分配表、接线图和梯形图。

(3)总结实训中所遇到的问题以及解决方法,并写出实训体会。

任务考核

任务考核(见表 16.2)。

表 16.2　任务考核

序号	内容	考核要求	评分标准	配分	扣分	得分
1	电路设计	根据任务: (1)列出元件信号对照表〔PLC 控制 I/O 接口(输入、输出)元件地址分配表〕 (2)绘制 PLC 的 I/O 接口接线图 (3)根据工作要求设计梯形图 (4)根据梯形图列出指令语句表	(1)输入、输出地址遗漏或搞错,每处扣 1 分 (2)梯形图表达不正确或画法不规范,每处扣 2 分 (3)接线图表达不正确或画法不规范,每处扣 2 分 (4)指令有错,每条扣 2 分	10		
2	安装与接线	(1)按 PLC 控制 I/O 接口(输出、输入)接线图和题目要求,在电工配线板或机架上装接线路 (2)要求操作熟练、正确,元件在设备上布置要均匀、合理,安装要准确、紧固,配线要平直、美观,接线要正确、可靠,整体装接水平要达到正确性、可靠性、工艺性的要求	(1)元件布置不整齐、不匀称、不合理,每处扣 1 分 (2)元件安装不牢固,安装元件时漏装木螺钉,每处扣 1 分 (3)损坏元件,每件扣 2 分 (4)模拟电气线路运行正常,如不按电气原理图接线扣 1 分 (5)布线不平直、不美观,每根扣 0.5 分 (6)接点松动、露铜过长、反圈、压绝缘层,标记线号不清楚、遗漏或误标,引出端无别径压端子,每处扣 0.5 分 (7)损伤导线绝缘或线芯,每根扣 0.5 分 (8)不按 PLC 控制 I/O 口(输入、输出)接线图接线,每处扣 2 分	30		

（续表）

序号	内容	考核要求	评分标准	配分	扣分	得分
3	程序输入及调试	(1) 正确地将所编程输入 PLC (2)按照被控设备的动作要求进行模拟调试 (3)互连 PLC 与外接线路板,联调达到设计要求	(1)不会熟练操作 PLC 键盘输入指令扣 2 分 (2)不会用删除、插入、修改等命令扣 2 分 (3)一次试车不成功扣 4 分;二次试车不成功扣 8 分;三次试车不成功扣 10 分 4.其他功能不全,每处扣 3 分	40		
4	安全文明生产	(1)保护用品穿戴整齐 (2)电工工具佩戴齐全 (3)遵守操作规程 (4)尊重考评员,讲文明礼貌 (5)考试结束要清理现场	(1)违反考核要求,影响安全文明生产,每次倒扣 2~5 分 (2)发现考生有重大事故隐患时,每次扣 5~10 分;严重违规扣 15 分,直至取消考试资格			
备注			合计	100		
	考核教师签字：			年　月　日		

参 考 文 献

[1]廖常初.PLC 编程及应用[M]第 2 版.北京：机械工业出版社,2006.

[2]肖宝兴.西门子 S7-200 PLC 的使用经验与编程技巧[M].北京：机械工业出版社,2008.

[3]常辉.可编程序控制器技术与应用[M].北京：电子工业出版社,2008.

[4]王淑英.S7-200 西门子 PLC 基础教程[M].北京：人民邮电出版社,2009.

[5]丁宏亮,黄国汀.维修电工[M].浙江：浙江科学技术出版社,2009.

[6]程子华,詹永瑞.视频学工控：西门子 S7-200 PLC 应用技术[M].北京：人民邮电出版社,2010.

[7]徐国林.PLC 应用技术[M].北京：机械工业出版社,2011.

[8]徐国林.PLC 应用技术[M].北京：机械工业出版社,2011.

[9]肖宝兴.西门子 S7-200PLC 应用 100 例[M].第 2 版.北京：电子工业出版社,2013.

[10]常辉.PLC 技术实训指导教程（SIEMENSS7-200 系列)[M].第 2 版.安徽：安徽大学出版社,2015.

[11]西门子中国有限公司.深入浅出西门子 S7-200PLC[M].第 3 版.北京：北京航空航天大学出版社,2015.

[12]向晓汉.西门子 PLC 高级应用实例精解[M].第 2 版.北京：机械工业出版社,2015.